Fritz B. Busch

Seine Autos,
seine Stories
...und sein Museum

W0083436

Fritz B. Busch

Seine Autos, seine Stories
...und sein Museum

Das Automuseum von Fritz B. Busch in Wolfegg finden Sie im Dreieck Ravensburg–Bad Waldsee–Wangen. Es ist von Mitte März bis Mitte November täglich von 9.30 bis 18 Uhr durchgehend geöffnet – im Winter nur an Sonntagen sowie an Dreikönig.
Mehr Informationen unter Telefon 0 75 27 / 62 94
oder unter www.automuseum-busch.de
Informationen über Wolfegg, dem Heilklimatischen Kurort an der Oberschwäbischen Barockstraße finden Sie unter www.wolfegg.de
Ein Besuch lohnt sich – für Privatpersonen, für Clubs und Vereine.

Sie finden uns im Internet unter
www.motorbuch-verlag.de

Einbandgestaltung Katja Draenert unter Verwendung von Motiven aus dem Archiv des Autors.

Copyright © by Motorbuch Verlag, Postfach 103743, 70032 Stuttgart.
Ein Unternehmen der Paul Pietsch-Verlage GmbH + Co
2. Auflage 2005

ISBN 3-613-87262-5

Lektorat: Joachim Kuch
Innengestaltung: Marit Wolff
Reproduktionen: digi bild reinhardt, 73037 Göppingen
Druck und Bindung: Graspo, CZ-76302 Zlin
Printed in Czech Republic.

Museum 1   22

Vorwort

Liebe Besucher des Museums,
liebe Leser, denen dieses Vergnügen noch bevorsteht!

Jedes anständige Museum, und das Automobilmuseum von Fritz B.
Busch in Wolfegg ist ein solches, braucht einen Katalog. Alle fragen
danach. Aber bringen Sie mal einen eigensinnigen Schriftsteller
dazu, einen solchen zu schreiben. Originalton Busch: »Das ist
ungefähr dasselbe, als würde man von einem Schriftsteller verlangen, ein Telefonbuch zu schreiben …!«

Das war die Ausgangsbasis für das Büchlein, das Sie nun in den
Händen halten. Und dieses ist aus diesen und auch aus jenen
Gründen herzerfrischend anders als so mancher Katalog im Tele-
fonbuch-Charakter. Es ist eben keiner. Wir haben auf das Wort
»Katalog« verzichtet und es nach dem benannt, was es Ihnen ans
Herz legen soll: Fritz B. Busch – seine Autos, seine Stories.

Und ohne es zu wollen, hat er das Buch selbst geschrieben –
jede Zeile – wenn auch nicht unbedingt in derselben Reihenfolge.
Ich habe ihn nämlich überlistet. Ich kenne ihn und seine Eigen-
willigkeit schon sehr lange, genauer gesagt, seit ich das Licht der
Welt erblickte, und ich kann damit umgehen. Ich bin seine Tochter und habe von ihm unter anderem auch die Hartnäckigkeit
geerbt, Pläne zu verfolgen, die es wert sind, verfolgt zu werden.

Also habe ich angefangen, seine Geschichten aus MOTOR KLASSIK und auto, motor und sport noch einmal durchzulesen und sie ein wenig zusammenzustreichen, was im übrigen das Schwierigste an dem ganzen Unterfangen war, denn in seinen Texten ist kaum ein Wort zuviel. So sind sie also entstanden, die kleinen Geschichten, die Sie hier wiederfinden. Ich muss unbedingt noch dazu sagen, dass die Auswahl der vorgestellten Autos keinem bestimmten System folgt. Da ohnehin nicht alle etwa 200 Exponate des Oldtimerparadieses von Fritz B. Busch in diesem Büchlein beschrieben werden können, habe ich auf jene zurückgegriffen, die er in seinen

Als Tochter von Fritz B. Busch schon früh mit der Oldtimerei vertraut: Anka Guter-Busch.

Geschichten – siehe oben – so liebevoll beschrieben hat. Vollständigkeit dürfen Sie also nicht erwarten. Auch Technikfans mögen die eine oder andere Passage vermissen. Wie gesagt, es ist kein Katalog.

Dafür aber habe ich besonderen Wert darauf gelegt, die Bilder einzufangen, die seine Geschichten zum Greifen lebendig und hautnah machen und die Zeitgeschichte, die die Älteren unter den Besuchern und Lesern noch selbst miterlebt, von denen die Jüngeren aber keinen blassen Schimmer mehr haben. Die Welt von damals – und damals ist noch gar nicht lange her – wieder auferstehen zu lassen und damit gleichzeitig das Leben von heute mal aus einem anderen Blickwinkel zu betrachten, das war und ist mir ein Anliegen.

Ein Anliegen ist es mir auch und wird es weiterhin bleiben, das Werk von Fritz B. Busch in seinem Sinne zu unterstützen und mit ihm gemeinsam weiterzuführen.

Viel Spaß beim Lesen!
Anka Guter-Busch

Ich danke meiner Tochter Anka, dass sie mir als Herausgeberin und Produzentin diesen »längst fälligen« Museumsführer untergejubelt hat. Ich selbst habe mich davor dreißig Jahre lang gedrückt.

Fritz B. Busch
Wolfegg, im Mai 2003

Wie ich auf
den Oldtimer kam

Man kann natürlich auch Briefmarken sammeln ...

Man kann selbstverständlich auch Bierkrüge sammeln. Oder Schmetterlinge, Kaffeemühlen, Schießgewehre. Ich bin sicher, das macht Spaß.

Man kann auch Spielautomaten restaurieren. Oder Drehorgeln, Kuckucksuhren, vielleicht auch Nähmaschinen. Bestimmt eine feine Sache.

Aber neulich fragte mich einer, was für ein Hobby er sich denn zulegen sollte. Ich sprach ihm mein Beileid aus. Denn wenn einer erst lange überlegen muss, dann lieber gleich gar kein Hobby, denn ein Hobby muss einem inneren Bedürfnis entsprechen.

Ich war dem Drang, mich mit alten Autos zu beschäftigen, derart ausgeliefert, so dass ich, auf eine einsame Insel verbannt, so lange gegraben hätte, bis ich auf ein altes Auto gestoßen wäre. Mir bleibt gar keine Wahl.

Das wäre höchstwahrscheinlich ein Ford T-Modell gewesen. Es gibt keinen Flecken auf dieser Erde, auf dem kein Ford T-Modell existiert hat.

Zuerst stößt man auf einige Coca-Cola Flaschen, dann auf eine Singer-Nähmaschine und dann auf ein T-Modell, wo immer man gräbt.

Kein Berg ist zu hoch, keine Piste zu lang, kein Land zu fern – eine Reise mit einem Oldtimer ist immer ein unvergessliches Abenteuer.

Die Geschichte des Automobilmuseums von Fritz B. Busch in Wolfegg

Kein Glaspalast erwartet die Besucher, kein moderner Architekt konnte sich hier ein Denkmal setzen, denn das Museumsgebäude wurde vor etwa 500 Jahren entworfen und erbaut.

Das war die richtige Kulisse und Atmosphäre für Fritz B. Buschs Pläne, seine eigene »kleine Oldtimerei« zu schaffen. Er restaurierte das alte, zum Wolfegger Schloss gehörende Bauwerk im Jahr 1972, indem er die Innenräume (der Fußboden der unteren Halle war aus gestampftem Lehm, die obere Halle wurde nur von den nackten Dachpfannen bedeckt) gewissermaßen »bewohnbar« machte. Dabei war er bemüht, den Räumen jene Atmosphäre zu geben, in der er sich und seine Oldtimer am besten vorstellen konnte. Ein

Das Gebäude ist 500 Jahre alt, die Autos etwas jünger, und der Spaß ist von heute.

Glücksfall, dieses alte Wirtschaftsgebäude des Wolfegger Schlosses, das Fürst Max Willibald von Waldburg-Wolfegg zur Verfügung stellte.

Ostern 1973 war Eröffnung. Es begann mit nur 32 Autos, nun sind es inzwischen um die 200 Fahrzeuge, inklusive der Motorräder, deren Zahl mit anfänglich fünf recht mager war und in der Zwischenzeit beträchtlich zugenommen hat. Obwohl das zwei Etagen umfassende Gebäude immer weiter umgebaut und ausgestaltet wurde, reichten die etwa 2500 qm eines Tages nicht mehr, um dem heutigen Umfang der Sammlung, dem steigenden Besucherstrom und der Sammlerfreude des Besitzers gerecht zu werden.

Deshalb kam genau 25 Jahre später – zu Ostern 1998 – ein zweites Gebäude mit weiteren 700 qm dazu – nur einen Katzensprung vom Hauptgebäude entfernt auf der gegenüberliegenden Seite des Schlossplatzes. Auch dieses Gebäude atmet aus jeder Pore Geschichte. Es wurde als Chorherrenstift Ende des 16. Jahrhunderts gebaut und Anfang der 70er Jahre vom Fürstlichen Haus total renoviert.

Heute beherbergt es liebevoll ausgestaltete, bunte Szenerien unter dem Motto »Als das Auto reisen lernte – vom Picknick zur Italienreise«. Lebhaft zurückversetzt in die Zeit der eigenen ersten Reiseabenteuer schwelgt so mancher Besucher in sehnsüchtigen Erinnerungen. Damit hat Fritz B. Busch sein Ziel erreicht:

In seinem Museum, das auch heute noch ein reines Privatmuseum ist, will er nämlich nicht nur

· 1998 ·
Das Automobil-Museum
von Fritz B. Busch

konnte im 25. Jahr seines Bestehens
(gegründet 1973)
durch das Entgegenkommen
des Fürstlichen Hauses
um die Räumlichkeiten in diesem
historischen Gebäude erweitert werden.
Bei der Ausgestaltung und Einrichtung
wurde darauf geachtet, daß die
jahrhunderte alte Bausubstanz
in Teilbereichen sichtbar bleibt.
Das Gebäude wurde als Chorherren[...]
Ende des 16. Jahrhunderts errich[...]
und 1995-97 restauriert.

Auch Museum 2 residiert in historischem Gemäuer.

einen Querschnitt durch die Motorisierung zeigen, sondern der Besucher soll sich mit den ausgestellten Fahrzeugen identifizieren. Er soll »sein« Auto oder Motorrad wiederfinden, an dem so viele Erinnerungen hängen. Dazu trägt die originelle Präsentation bei.

Anlässlich der Eröffnung zu Ostern 1998 sagte Fritz B. Busch: »Wir leben im Jahrhundert der Motorisierung. Das muss man ebenso dokumentieren, wie es längst die Bauernhaus- und Schloss-Museen mit ihren Themen tun.« Und weiter: »Im Leben eines jeden Menschen hat ein Fahrzeug einmal eine besondere Rolle gespielt. Die Begegnung mit diesem »Zeitzeugen« ist auch eine Begegnung mit unserer persönlichen Geschichte und darüber hinaus mit der Zeit schlechthin, als es dazu kam, wie es heute ist.«

Viel Spaß also bei Ihrem Bummel auf der Straße der Erinnerungen!

Lange bevor es das Museum gab, trieb es Fritz B. Busch mit Oldtimern in die Ferne. Hier an der Costa Brava.

Christian Steiger gratuliert

*Mit 90, so befürchtet er, könnte ihn die Zugluft stören.
Ein Oldtimer mit Blechdach wäre dann nicht schlecht:
Deshalb hat er das 1947er Hudson Coupé in seinem
Museum etwas weiter nach vorne geschoben.*

»Ich bekam es damals per Luftfracht aus Kenia«, sagt er. »Völlig rostfrei.« Das war in den frühen Siebzigern, als er gerade sein Museum eröffnet hatte und mit 800 Besuchern am ersten Wochenende rechnete. Aber dann fielen mehr als 5000 Busch-Verehrer in den Allgäu-Flecken Wolfegg ein.

Der Hudson kann warten, weil Fritz B. Busch ja erst 80 wird, am 2. Mai, und deshalb hat er sich selbst noch einmal ein Cabriolet geschenkt, einen Ford A von 1929. Er steht, wie jede Neuerwerbung, noch nicht im Museum, sondern in der Garage seines Hauses. So kann er jederzeit vom Röchelsound des Vierzylinders kosten und vom Privatweg des ranchartigen Anwesens auf die gebogenen Landstraßen des Ravensburger Landkreises abbiegen.

Im Jeanshemd sitzt er hinter dem steilen Lenkrad, ein Zigarillo in der Hand, und er erzählt, was ihn in den Sechzigern aus Hamburg ins ferne Allgäu zog. Italien wollte er näher sein und fern dem Massenverkehr. Er war noch Werbeleiter in Hamburg, als er seine ersten Leserbriefe an auto, motor und sport schickte. Doch dann meldete sich der damalige Chefredakteur Heinz-Ulrich Wieselmann im telefonischen Imperativ: »Schreiben Sie keine Briefe, schreiben Sie Artikel!«

Er schrieb sie mit jener berühmten Leichtigkeit, die zuvor kein Anderer gewagt hatte, »weil Autotests meistens von Diplom-Ingenieuren verfasst wurden«. Vielleicht war es das Glück des Fritz B. Busch und seiner Leser, dass er nie als Ingenieur gearbeitet hatte. Varieté - Programmleiter war er stattdessen gewesen und Kriminalassistent, Kriegsberichter und Chauffeur, Werbemaler und Gebrauchtwagenverkäufer.

Und als er 15 war, hatte sich der junge Busch eine Ohrfeige seines Vaters gefangen, als er seine erste Kurzgeschichte in der »Thüringischen Allgemeinen« untergebracht hatte: Er sollte gefälligst etwas Anständiges lernen!

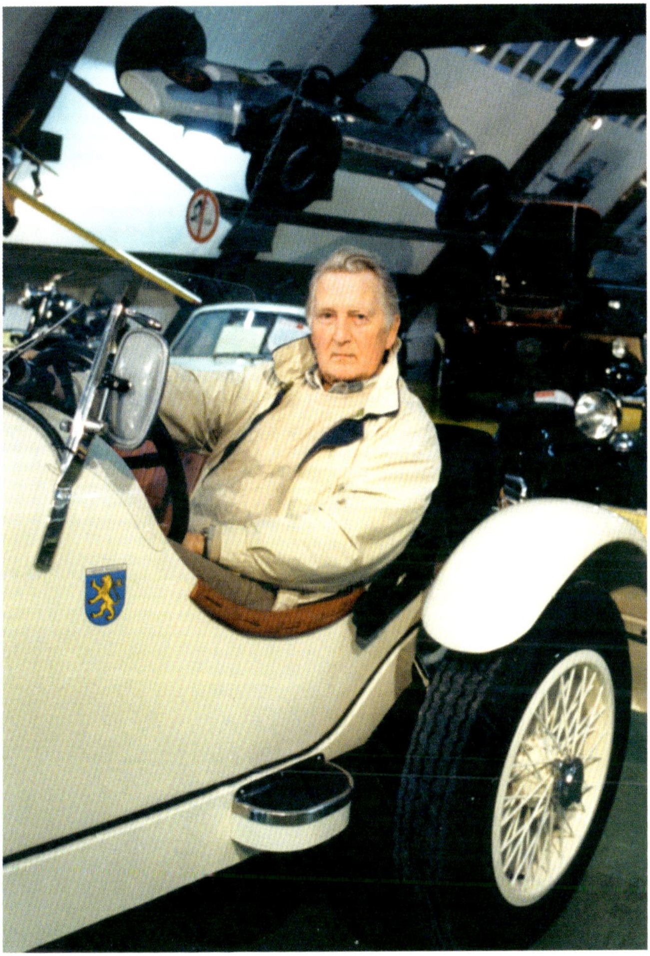

»Der schönste
Platz? Es gibt zwei:
Hinter der Schreib-
maschine und hin-
term Lenkrad.«

Er lernte, seine Leser abhängig zu machen von ihrer 14-tägigen
Dosis Busch – damals etwa, als er in den frühen 60ern über »Autos
für Männer, die Pfeife rauchen« schrieb. Unter diesem auto, motor
und sport Serientitel gelang ihm seine wohl berühmteste Story
»Whisky pur oder die geschrubbte Flunder«, eine Begegnung mit
dem frühen Jaguar E-Type. Seine Fans überraschen Busch bis heute
damit, dass sie ganze Absätze aus dem Gedächtnis repetieren können.

Busch schrieb aber auch – in der gleichen Serie – über den durch und durch bürgerlichen Ford Taunus 12 M. Es gehört zu den Charakterzügen des Mannes und seiner Texte, dass er sich dem Graubrot mit nicht weniger Appetit näherte als dem Petit Four.

»Genug ist besser als zu viel«, rief er schon damals aus, ein Prophet des kleinen Glücks.

Ob er ahnt, wie viele ihn da draußen aus tiefem Herzen verstanden haben? Weiß er, dass er nicht nur eine Tochter hat, sondern Tausende von Söhnen? Sie wuchsen damit auf, dass ihr Lieblings-Schreiber nicht einfach die Frankfurter IAA besuchte. »Fritz B. Busch schlendert durch die Hallen«, hieß seine legendäre Ausstellungskolumne in auto, motor und sport.

Rückkehr mit dem Ford Modell T auf den heimischen Landsitz Birkenhof.

Noch mehr als die Autos bewegten ihn beim Schlendern die Menschen, euphorisiert im Glauben an den Sechziger-Jahre-Fortschritt. Und die Texte schrieb er nicht im »Frankfurter Hof«, sondern im Wohnwagen nachts auf dem Campingplatz.

Auch dafür lieben ihn seine Leser: Er verfiel nie dem Elitären, nicht einmal am herzförmigen Swimming Pool der Jayne Mansfield, die er als Schreiber für den »Stern« besuchte. »Come back to my pool!« schrieb sie ihm Jahre später als Widmung ihrer Memoiren. Mit einem Pontiac Bonneville Cabriolet war er damals durch Hollywood gecruist.

Aber keine Reise, sagt der Autor, blieb ihm unvergesslicher als jene, die ihn 1956 mit Ehefrau und Tochter in der Isetta nach Florenz führte. Tochter Anka schlief hinter den Sitzen, und wenn er die vordere Türe öffnete, fiel das im Fußraum verstaute Campinggeschirr auf die Straße. Auf dem Rückweg baumelte am Spiegel eine kleine Chianti-Flasche, wie bei vielen Italien-Heimkehrern jener Tage.

Noch heute erinnert er sich oft daran – nicht nur, weil die Isetta längst in seinem Museum steht. Sicher hat er es auch nicht vergessen, als er sich dienstlich im langen Mercedes 600 chauffieren ließ oder in der Corvette Sting Ray über die Via Veneto in Rom pflügte. Er hat sich, sagt er, eine spezielle Form der Selbsthypnose zugelegt: »Ich kann mich in jedes Objekt, über das ich schreibe, spontan verlieben«.

Sicher waren es oft Charakter-Typen, die der Entflammbarkeit des Star-Schreibers nachhalfen. Aber selbst blecherne Versager hatten eine Seele, wenn er erst am Lenkrad und dann an der Schreibmaschine saß. So kam es, dass der auto, motor und sport Kolumnist 1965 seine eigenen Autos auf die Räder stellte. Vier Monate dauerte die Entwicklung der beiden Prototypen, die der Motor-Feuilletonist damals auf der Frankfurter IAA präsentierte.

Das eine Busch-Fahrzeug war ein Sportcoupé, das zweite ein Großraum-Kombi. Und beide wirken sie im Auto-Mainstream jener Jahre schockierend genug, um nicht in Serie gehen zu können. »Eine angespitzte Kiste«, höhnte der »Spiegel« damals über Buschs Ur-Van. Erst viel später zeigte der Großraum-Boom, wie richtig er damals lag.

Zur gleichen Zeit begann auch jene Entwicklung, die den Auto-Schriftsteller zum Aufbau-Helfer der deutschen Oldtimer-Szene machte: Er hatte eine Story über die Automobile der zwanziger Jahre verfasst und sich, das gesteht er »an meiner eigenen Schreibe berauscht«. Warum, so durchzuckte es ihn, hast du kein altes Auto? Nach einigen Wochen stand ein Ford A auf dem Hof, kurz darauf das Auto seiner Kindheit, ein Opel 4/20 PS. Bald fragten ihn die Nachbarn, was er für eine Tonne Schrott zahlen würde.

Es war die Zeit der Ölkrise, als es eine 59er Corvette für 2000 Mark gab. Für den roten E-Type bezahlte er etwas mehr. Er gehörte einem leichten Mädchen, das sich schwer tat mit dem Umsatz. Heute, auf dem Hochplateau von 150 Oldtimern, hindert ihn nur der Platz, die jungen Klassiker der 70er Jahre wegzustellen, so lange es sie billig gibt. Der Sprung in eine neue Sammler-Epoche und ihre Gelegenheiten, sagt er, das würde ihn noch reizen.

Die Neuzeit dagegen ernüchtert ihn, weil er seit jeher die geniale Vereinfachung liebt und sich nicht mit dem umgeben will, was er »größtmögliche Verkomplizierung« nennt. Darum hat er sich zwei Enten weggestellt. Premium-Sportwagen mit 1001 PS faszinieren ihn weniger, selbst der Smart ist ihm als Basis-Fuhrwerk zu kompliziert.

Sein Alltags-Auto ist ein zehnjähriger Geländewagen aus Japan, sein Fluchtfahrzeug seit Jahren das Wohnmobil. »Nix wie weg«, steht vielsagend auf dem Heck: Meist zieht es ihn ins Spanien der Nebensaison. Und für die alten Tage hat er den Hudson: Er wird im Museum stehen, bis seinen Besitzer der Fahrtwind stört.

Dieser Artikel über Fritz B. Busch – geschrieben von Christian Steiger anlässlich des 80. Geburtstags von Busch am 2. Mai 2002 – erschien in auto, motor und sport, Heft 10/2002.

IT - 104374

Museum 1

Die Autos und
die Schlager jener Jahre

Autos und Schlager haben etwas gemeinsam. Sie vermitteln uns ein Bild der Zeit, in der sie »lebten«. Die Zeit, als man diese Autos kaufte und fuhr, und die Zeit, als man diese Lieder sang, als den Menschen diese Texte und diese Melodien zu Herzen gingen, weil sie ihnen aus dem Herzen sprachen.

Wollen wir ein Bild jener Tage gewinnen, so fällt uns das umso leichter, je unbestechlicher und unverfälschter die Zeitzeugen sind, die wir noch befragen können. Die Häuser, die Straßen, die Bank im Park, sie haben sich verändert, die alte Linde steht nicht mehr, sie musste einem Parkhaus weichen. Aber die Autos von damals stehen unverfälscht vor uns, die Schlager von damals dringen unverändert an unser Ohr, sie sind gegenwärtig so, dass wir sie singen können »wie einst im Mai«. Und schon fühlen wir uns zurückversetzt in diese Zeit. Genauer, in die Gefühlswelt jener Tage. Beide zusammen, die Autos und die Schlager beflügeln unsere Erinnerungen.

Und wenn es uns damals noch gar nicht gab, so vermitteln sie uns doch ein Bild jener Tage vor unserer Zeit. Wie war das damals? Unsere Eltern, unsere Großeltern haben davon erzählt. Wir blättern im Familien-Album und sehen Opas Auto. Im Museum finden wir es dann wieder. Dann wissen wir schon mehr. Und nun noch die Lieder, die Opa sang, als er ins Grüne fuhr, frisch verliebt in ein junges Mädchen, das unsere Oma wurde.

Wir machen einen Bummel auf der Straße der Erinnerungen. Uns streift ein Hauch des Jahrhunderts, das man auch das Jahrhundert der Motorisierung nennt. Und dazu gehören nun mal die Schlager jener Jahre.

»Das gibt's nur einmal
das kommt nicht wieder,
das ist zu schön, um wahr zu sein!
Nur für ein Weilchen,
fällt auf uns nieder
vom Paradies ein goldner Schein.

Das gibt's nur einmal,
das kommt nicht wieder,
das ist vielleicht nur Träumerei?
Das kann das Leben
nur einmal geben
Und was vorbei ist, ist vorbei.
Das kann das Leben
nur einmal geben,
denn jeder Frühling hat nur einen Mai!«

Dieses Lied war so jauchzend aus scheinbar übervollem Herzen gesungen worden von Lilian Harvey in dem UFA-Film *Der Kongress tanzt*, dass man es einfach nicht vergessen konnte. Man sah ein, dass die Augenblicke des Glücks vergänglich sind, und jauchzend aus voller Brust weinte man ihnen nach.

Das war es, was den Schlagern jener Jahre anhaftete, nicht nur Freud, sondern eben auch Leid. So war ja auch der »schöne, aber arme Gigolo« einst ein goldverschnürter Husar gewesen, der nun nach dem verlorenen Krieg als sogenannter Eintänzer sein Dasein fristete. »Man zahlt, und du musst tanzen«.

Die 20er Jahre Schlager zeigten sich teilweise auch aus Trotz gegen dieses allgemeine »Lust und Weh« aufmüpfig, vor allem dadurch, dass sie das Dasein ins Lächerliche zogen:

»Tante Paula sitzt im Bett und isst Tomaten« oder »Mein Papagei frisst keine harten Eier«, aber auch »und ausgerechnet Bananen, Bananen verlangt sie von mir« und »Sie will nicht Blumen und nicht Schokolade, sie will nur immer, immer wieder mich«. Albern, aber originell.

Wir Autler waren arm dran

Spritpreise damals: Nicht der Literpreis war zu hoch,
sondern die Kaufkraft war zu niedrig.

Sagte ich wir? Ja, ich gehörte damals schon zu denen, die sich beim
Tanken im Kopfrechnen übten. Dabei fragte mein Vater nicht, »wie
viel wohl hineinginge?«, sondern nur, wie viel wir uns heute wohl
leisten könnten?

Fünf Liter, zehn – oder gar fünfzehn? Danach richtete sich unsere
Wochenendplanung. Und ich erlebte das fünfzehn Jahre später
noch einmal, 1946, als ich meinen eigenen Opel fuhr und wir uns
die Frage stellten: fünf Liter Sprit kaufen oder ein Dreipfundbrot? So
oder so kostete das Vergnügen auf dem Schwarzen Markt dreißig
Reichsmark.

Hätten Sie's gewusst? Hat man es Ihnen je erzählt – oder
schwärmte man nur von jenen guten alten Tagen, als unsere Oldtimer Neuwagen waren und wir mit ihnen auf fast leeren Straßen
herumtollen durften. Wochenend und Sonnenschein!

Das gab es auch, gewiss, und wir haben es genossen, und in der
Erinnerung ist es doppelt schön. Aber um 1930, 31, 32 herum und
dann in den ersten Nachkriegsjahren haben wir unseren Moritz
mehr geputzt als gefahren. Der Spritpreise wegen. Von der Not-
wendigkeit, die Reifen zu schonen, gar nicht zu reden. In beiden
Notzeiten waren die Pneus kostbares Gut. Man fuhr sie so lange
»runter«, bis auch nicht die Andeutung von Profil mehr vorhanden
war.

Die nächste Stufe war dann die, dass schon das »Hemd« hier
und da sichtbar wurde, die weiße Leinwand. Wir schwärzten sie
noch ein Weilchen mit schwarzer Schuhcreme und bewegten uns
noch vorsichtiger als sonst.

Wie teuer war denn nun aber der Sprit, als man den Autler mit
zwei Pfennigen Rabatt lockte – bei Abnahme von hundert Litern
monatlich? Zwei Pfennige mal hundert, das machte eine Ersparnis
von zwei Mark. Und für zwei Mark konnte man damals im Goldenen Löwen übernachten oder im Eisernen Kreuz ein köstliches
Menü verzehren. Also raus mit der Sprache, ein Liter Normal (nicht
Aral Benzin-Benzol Gemisch) kostete 36 bis 38 Pfennige. Und war
doch schwer erschwinglich, weil man damals als Arbeiter etwa

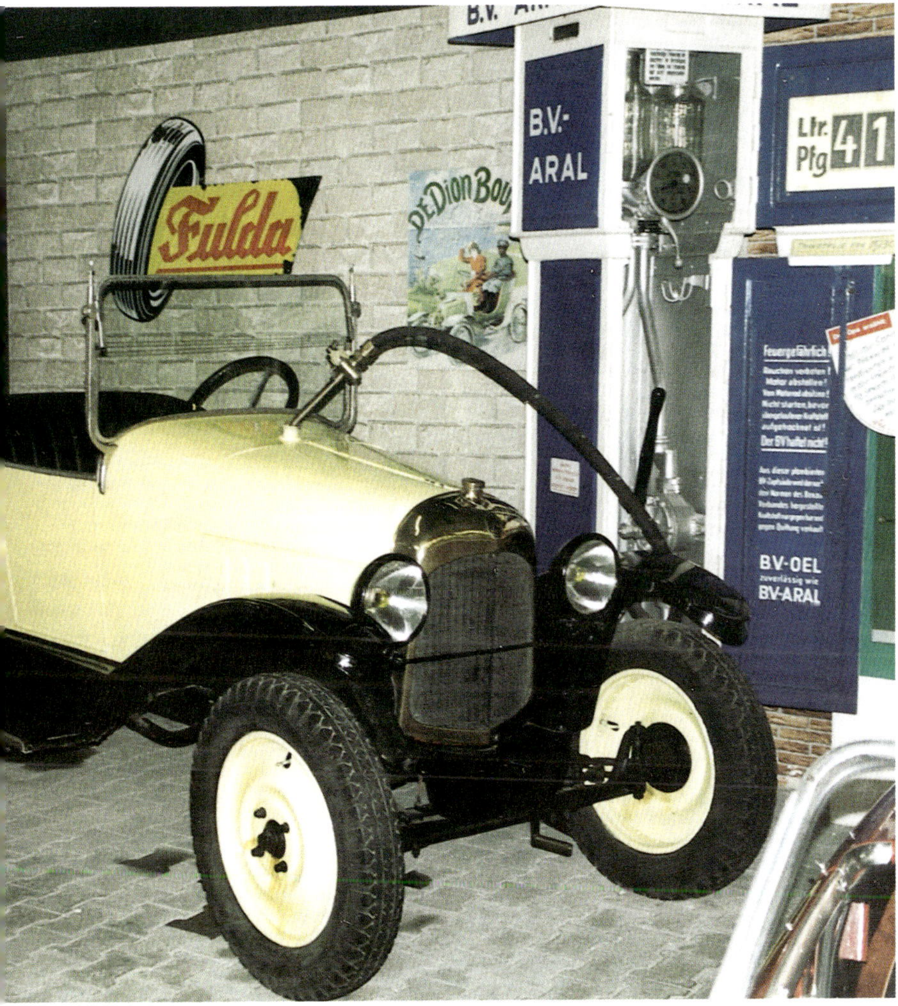

160 Mark im Monat verdiente, als Angestellter 200 bis 250, und mit 400 Mark war man schon ein besser Verdienender, etwa im Rang eines Abteilungsleiters. Daran gemessen dürfte der Sprit heute zehn Euro kosten.

Nun wissen Sie also, wie gut es uns heute geht, besser als je zuvor. Aber wir quengeln an allem herum.

Es muss kein Jaguar E sein

Ich werde weich, wenn ich einen kleinen,
dünnbeinigen Roadster aus jenen Tagen erblicke.

Die offenen Zweisitzer waren damals die billigste Modell-Variante eines Wagentyps. Damals hatten die Limousinen noch keinen integrierten Kofferraum – die kleinen Zweisitzer aber hatten ihn schon. Das war der Grund – abgesehen vom günstigen Preis – weshalb Firmen ihre Handelsvertreter mit diesen Zweisitzern ausrüsteten. Da passte ein Musterkoffer rein.

Vorgestellt im Jahre 1932 auf dem Mailänder Salon, versetzte der Fiat 508 eine ganze Nation in Freudentaumel. Ich, der ich damals schon mitjubeln durfte, wusste das zu deuten. Wir waren noch von den Autos der 20er Jahre umgeben, die unseren Automobilverstand und -geschmack geformt hatten. Und wir waren deshalb von seinen so überaus gelungenen Proportionen, seiner gekonnt herausgemeißelten Linienführung, einem betont leichtfüßigen Gesamtcharakter und von seiner fortschrittlichen Technik hell begeistert.

Der Balilla ist ein typischer Italiener – mit Semmelknödel und Blaukraut ganz und gar nicht vergleichbar. Den Balilla ließ man sich auf der Zunge zergehen, Opel P4 und DKW wurden schlicht gemampft. Noch heute, wenn es ratsam ist, vor dem Einschlafen an

etwas Schönes zu denken, rufe ich sein Bild vor meinem geistigen Auge ab.

Wie ein Bild aus den 30er Jahren. Nachempfunden 1975.

Den Balilla fuhren damals wirklich nur Kenner, denn er war gemein teuer. Als er 1934 zu uns kam, kostete er nicht 1800 Mark wie der vergleichbare Opel, sondern 2600 Mark – und das zu einer Zeit, als der Normalverdiener mit einem Monatseinkommen von 200–300 Mark auskommen musste. Ich besitze auch Opel und DKW, und ich liebe sie. Aber in den Balilla bin ich verknallt.

Woher kommt eigentlich der Begriff Balilla? Es war das der Name einer faschistischen Jugendorganisation, weil es um die Mitte des 18. Jahrhunderts in Genua einen jugendlichen Rebellen gab, der sich als Anführer Gleichgesinnter den österreichischen Besatzungstruppen entgegenstellte. Dieser junge Rebell wurde vom Volke mit einem Spitznamen geehrt – man nannte ihn Balilla.

Daten & Fakten

Typ Fiat 508 Balilla, 1934, Hubraum: 995 ccm, 24 PS, Höchstgeschwindigkeit: 90 km/h
Der Balilla hatte einen Verbrauch von 7–8 Litern Normalbenzin auf 100 km. Er hatte schon eine hydraulische Bremsanlage und ein Vierganggetriebe und wog nur 670 kg.

Aber wer weiß den wirklich, wie das vor 250 Jahren gewesen ist. Vielleicht hatten die Österreicher lediglich den Fehler begangen, eine Spaghetti-Fabrik zu bombardieren …

DKW F1 & CO.

Die lieben Kleinen

Als der erste DKW mit Frontantrieb sein Debüt gab – in der Zeit um 1930 – kostete das Benzin nur 38 bis 41 Pfennige pro Liter und war dennoch einen halben Stundenlohn teuer.

Sein Lebensabend könnte gar nicht besser sein. In meinem Museum ruht er neben einer Tankstelle aus seinen besten Jahren aus, diesen und jenen Kumpel zur Seite, mit dem er sich damals auf den Straßen schlug. In jenen Zeiten, als hinter jedem übers Land fahrenden Automobil eine Staubfahne wehte, als Schotter spritzte und der Asphalt an heißen Sommertagen wie Honig klebte. Die auf den Motorrädern hatten keine Hand zum Winken frei – sie mussten ihre knallharten Böcke fest im Griff haben, die hinten keine und vorne eine unzureichende Federung hatten – und das auf Straßen, die wir heute als Baustellen werten würden. Aus diesem Grund nahm man den ersten Frontantriebs-DKW sehr ernst. Er ist für den Verkehr gebaut worden, der damals herrschte, für die Straßen, die es damals gab und für die Käufer, die seinen Preis und keinen höheren bezahlen konnten – wenn überhaupt. Es waren schlechte Zeiten. Viele Hersteller hatten es schon mit Kleinst- und Kleinwagen versucht. Es gab bereits den einzylindrigen Hanomag, das zehn PS starke Kommissbrot, es gab den 15 PS Dixi, und Opel hatte seinen Kleinen bereits von 14 auf 20 PS gebracht.

Da gab Rasmussen das Zeichen.

Jörgen Skafte Rasmussen beauftragte seine Konstrukteure, einen Kleinwagen um den 500 ccm Zweizylinder-Motor herumzubauen, der im Rahmen seiner wassergekühlten DKW-Maschine hing. Der kleine F1, in nur sechs Wochen auf dem Reißbrett entstanden und als Prototyp noch vor Ablauf dieser Frist auf die Räder gestellt, war ein Geniestreich ohne Beispiel.

AUTOMOBILMUSEUM
von Fritz B. Busch

Und sonntags raus ins Grüne – das Koffergrammophon musste mit.

Obwohl er billig und sparsam und simpel war, überragten seine Fahreigenschaften haushoch auch größere Konkurrenten, die noch auf starren Achsen einher fuhren. Mit dieser List vermochte Rasmussen den Zweitaktmotor in den Markt zu boxen. DKW-Fahrer konnten das Gas stehen lassen in Situationen, in denen die Fahrer blattgefederter Starrachser alle Hände voll zu tun hatten, ihr gesträubtes Nackenhaar zu glätten.

Dass der F1 Roadster nur eine Tür hatte, war damals nicht ungewöhnlich. Das Fehlen der zweiten Tür gab der Karosse zusätzliche Steifheit. Und manche Roadster hatten ja überhaupt keine Tür, wie der Ihle-Sport auf BMW-Dixi-Basis, der auf der Strecke ein harter Gegner für die kleinen Zweisitzer von DKW war. Es war eine großartige Idee von Ihle in Bruchsal gewesen, den Besitzern des vielgeliebten Dixi dieses Angebot zu machen: Bringt euer Auto zu uns, und wir machen einen rassigen Sportwagen daraus. Solch ein Ihle Sport auf der Basis eines gebrauchten Dixi kostete knapp 1000 Mark. Er war als Westentaschen-Bugatti der Traum der Jugend.

Sieht aus wie ein Westentaschen-Bugatti und ist sogar halb so schnell – der Ihle Sport.

Mein Ihle hat den Original Austin-Seven-Motor mit Vieranggetriebe (der Dixi war bekanntlich das Lizenz-Modell des Austin), und so gepowert wird er damals wahrscheinlich ein ganz heißer Ofen gewesen sein.

Zur gleichen Zeit, da der F1 zur Welt kam, begannen die Engländer mit dem Bau des frontangetriebenen BSA-Sportwagens, der viel mehr Motor aber nur drei Räder hatte. Sein Einliter-Zwei-zylinder V-Motor katapultierte ihn auf

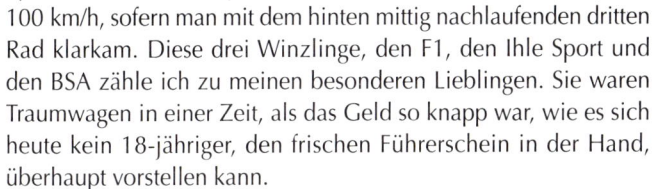

100 km/h, sofern man mit dem hinten mittig nachlaufenden dritten Rad klarkam. Diese drei Winzlinge, den F1, den Ihle Sport und den BSA zähle ich zu meinen besonderen Lieblingen. Sie waren Traumwagen in einer Zeit, als das Geld so knapp war, wie es sich heute kein 18-jähriger, den frischen Führerschein in der Hand, überhaupt vorstellen kann.

Dass man für einen Liter Sprit eine halbe Stunde arbeiten musste – und das war zu Anfang der 50er Jahre nicht anders – möge uns darüber hinwegtrösten, dass die Benzinpreise steigen. Und für die zehn Monatsgehälter, für die man 1927 gerade einen einzylindrigen Hanomag bekam, packt einem der Verkäufer heute einen Mercedes ein.

Die Frage wird nicht zu klären sein, wer sich mehr gefreut hat, der mit dem nagelneuen Hanomag-Kommissbrot, dem F1 oder dem Ihle-Sport oder der, dem soeben der neue Daimler-Benz ausgehändigt wurde.

Ich vermute aufgrund von Informationen aus sicherer Quelle (womit ich mein Gedächtnis meine), dass der Spaß damals nicht geringer war als heute. Und das ist sehr, sehr zurückhaltend formuliert …

Daten & Fakten

DKW F1: Zweizylinder-Zweitaktmotor, Hubraum 584 ccm, Leistung 15 PS bei 3500/min, Höchstgeschwindigkeit etwa 75 km/h, Verbrauch etwa 7 Liter, Preis des Roadsters 1931: 1750 Mark

Ihle-Sport: BMW Dixi 3/15 Ihle Sport, Baujahr 1930, 750 ccm Hubraum, 4 Zylinder, 15 PS, 85 km/h Höchstgeschwindigkeit. Das erste Auto von BMW war im Grunde ein Dixi, der nach Austin-Seven Lizenz gebaut wurde.

BSA: BSA Threewheeler, Baujahr 1932, 1,1 Liter Hubraum, V2 Motor, 27 PS, 100 km/h Höchstgeschwindigkeit. Der Wagen kommt aus Großbritannien und hat einen luftgekühlten Motor und Frontantrieb. Er ist superleicht und sehr schnell.

Des Knaben Wunsch

Der Kleine hatte den Tod seines Besitzers überlebt – in einer schlecht beleuchteten und noch geringer belüfteten Keller-Garage, dazu noch in einer Ecke derselben, so dass ich ihn nur von schräg hinten betrachten konnte.

Und weil sich zu dem abgesperrten Wägelchen auch kein Schlüssel finden ließ, war es mir nicht möglich, ihn mal eben ans Licht zu schieben. Das durfte ich erst, nachdem ich ihn gekauft hatte. Es

war eine gestrenge Witwe, in deren Hand sein Schicksal ruhte, und sie drohte mir gar mit einem halben Dutzend ernsthafter Interessenten, die morgen kommen wollten. Also kaufte ich ihn heute.

Als er dann endlich auf meinem Hof unter dem Schleppdach stand, der ersten Station aller Neuerwerbungen, zu denen es mich stündlich hinzieht, schwante mir schon, dass ihm die Jahre unter die Haut gegangen waren. Ein Daumendruck genügte, um ihn erschauern zu lassen. Es schwabbelte und knirschte unter seiner Kunstlederhaut. Auch hingen die Türen schief in den Angeln, deren Scheiben aus zerkratztem Plexiglas bestanden, das sich dem Hinauf- oder Herabkurbeln hartnäckig widersetzte. Sitzbank und

Nach dem Wiederaufbau so verführerisch wie neu – der DKW F 5 K 700.

-lehne müssen einmal in schlimmen Notzeiten aus einem alten Sofa herausgesägt und in ihn hineingenagelt worden sein.

Seine Kotflügel waren deformiert, sein Armaturenbrett gebrochen, seine Reifen abgefahren und luftlos – aber seine Speichenräder waren wunderschön und kerngesund, und ich habe einem Zweisitzer mit solchen Beinen noch nie widerstehen können.

Als ich dann in einem Anfall bebender Ungeduld, dem stechenden Druck einer gebrochenen Sprungfeder trotzend, hinter seinem Lenkrad Platz nahm und mit dem rechten Fuß den Starterknopf niederdrückte, geschah das Unerwartete: Der an eine frische Batterie angeschlossene Motor begann stotternd zu laufen, und nachdem er sich von fettigen Ölschwaden freigehustet hatte, bellte er freudig los wie Nachbars Hofhund. Bald verfiel er gar in jenes lebhafte und kraftvolle Poltern, das man den runden Lauf eines Zweitakters nennt. Es klang, als schütte jemand Eierbriketts auf ein Blechdach. Welch ein Tag in meinem Leben!

Fertig zum ersten Start: Ja, es ist genügend Sprit im Tank.

Später stand er dann in der Werkstatt vor mir, seiner Holzreste beraubt, splitternacktes Fahrwerk, kerngesund ohne die geringste Durchrostung. Es war eine Augenweide von solcher Heftigkeit, gegen die das Klappmädchen im Playboy nicht die geringste Chance hat.

Nun war für uns, die wir ihn umstanden wie ein Ärzteteam den Operationstisch, die Stunde der Wahrheit gekommen. An eine mühelose Restaurierung war nicht zu denken.

Die Karosse war verfault, die Mechanik zwar komplett, aber abgewirtschaftet. Und doch, er hat den Krieg und alles andere überlebt. Hätte das Oberkommando der Wehrmacht ein Herz für

frontgetriebene Zweitakter gehabt, er wäre vielleicht schon in den Ardennen gefallen.

Und wo mag er die Nachkriegsjahre abgewettert haben, als der Mensch kaum ein Dach über dem Kopf hatte, geschweige denn das Automobil? Man weiß nichts über ihn, denn sein Vorbesitzer hat das Geheimnis, wo er die Wagenschlüssel und den Kraftfahrzeugbrief aufbewahrte, mit ins Grab genommen.

Was ist das denn überhaupt für ein DKW? Man muss etwas weiter ausholen, um ihn exakt zu identifizieren. Er nennt sich F5 K 700. Das K steht für Kurz-Chassis, die Zahl für den Hubraum. Also ist es das Meisterklasse-Chassis, nicht das der Reichsklasse, die sich mit 600 ccm begnügen musste.

Bei ihm war aber von Meister und Reich nie die Rede, er firmierte als »DKW Front-Zweisitzer«, nicht zu verwechseln mit dem rassigen »Front Luxus Sport« mit Stahlblechkarosse, der ebenfalls auf dem K-Chassis errichtet wurde und fast so teuer war wie ein Opel -Sechszylinder. Er kostete mit 3000 Mark nur 100 Mark weniger als dieser. Ein stolzer Preis für zwei Zylinder und 20 PS.

Mein kleiner Kurzer aber war wesentlich billiger. Mit der Reichsklasse Technik (600 ccm und kein Freilauf) war er schon für 1750 Mark zu haben, und da hat die damalige Reichspost freudig zugegriffen. Dass er aber von Haus aus eine Meisterklasse ist, geht einwandfrei aus seinem Typenschild, seiner Fahrgestellnummer und dem Fahrgestellnummernverzeichnis hervor. Es ist nicht daran zu rütteln, dass er ein F5 K 700 ist mit der Fahrgestellnummer 600737 von 1936. Nur die hübschen Speichenräder muss man sich wegdenken. Soviel zur Identifizierung.

Für mich ist es ein Autochen jener Sorte, wie man es gern am Sonntagmorgen vor der Haustür stehen haben würde, um mit ihm raus ins Grüne zu fah-

> ### Daten & Fakten
>
> DKW F5 K 700, Front Zweisitzer, Baujahr 1936. Zweizylinder Zweitakter, 692 ccm Hubraum, 20 PS bei 3500/min, Höchstgeschwindigkeit 85–90 km/h, Verbrauch 6–8 Liter

ren, ohne einen einzigen Autobahnkilometer zu benutzen. Dahin, wo der Bussard über den Wiesen kreist und wo man auf der Bank am Waldrand sein Wurstbrot verzehren und einen Schluck aus der Thermosflasche nehmen kann.

Eines Tages wird man ihn zu schätzen wissen, meinen Kurzen. Und er wäre um ein Haar verfault.

Die Autos und
die Schlager jener Jahre

Wenn wir heute von einem »Hit« sprechen, also einem Erfolgs-schlager, so nannte man einen solchen zu Beginn des Jahrhunderts einen »Gassenhauer« – er haute halt rein bis in die letzte Gasse. Ohne Rücksicht darauf, dass dem Kaiser die Schnurrbartspitzen zu vibrieren begannen, wenn ihm ein solcher zu Ohren kam. Er bevorzugte Wagner. Und fuhr bereits Daimler oder Benz.

Ein besonders frecher Gassenhauer vom Beginn des Jahrhun-derts fällt mir ein, weil ihn mein Vater natürlich auch vortrug, bevorzugt in übermütiger Stimmung:

»Ach Paula, mach die Bluse zu,
du bist doch sonst so nett.
Man sieht ja deinen zarten Teint
Und auch was vom Korsett.
Ach Paula, mach die Bluse zu!
Ruft schon das ganze Haus.
Dass du so offenherzig bist,
das hält ja keiner aus.«

Auch seine Spitznamen wa-ren liebenswert. Die Berliner nannten ihn Kommissbrot, die Rheinländer Wanderniere. Für manche war er aber auch der wildgewordene Kohlenkasten.

Ein Gassenhauer des Jahres 1906, der aber auch in den Zwanzigern noch gesungen wurde. Und schon 1899 trällerte man Nonsens-Texte, wie später in den Zwanzigern. Zum Beispiel diesen:

> »Hinterm Ofen sitzt ‚ne Maus,
> die muss raus, die muss raus!«

Und 1912 gab es schon das Musical »Autoliebchen«, aber exakt zur Jahrhundertwende, also schon ein Dutzend Jahre früher, sang man:

> »Schorschl, ach kauf mir doch ein Automobil,
> Kost' ja nicht viel …«

Hätten Sie's gewusst? Nun, welches der Schorschl kaufen sollte, wusste er wohl auch nicht. Vielleicht den Benz »Velo«, den ersten in Serie gebauten Wagen der Welt?

Der Dieseltourer

*Hat Daimler Benz jemals einen offenen viertürigen Diesel
gebaut? Diese Frage verneinen auch altgediente Mercedes
Verkäufer. Manche von ihnen antworten: »Schön wär's,
wenn wir so einen heute hätten.« Es gab so einen, er nannte
sich aber »offener Tourenwagen Polizei« – hier ist er.*

Ich fand ihn in einer Reihenhausgarage, die von der Witwe des
Besitzers zur Gedenkstätte umfunktioniert worden war. Der OTP
hatte die Hoffnung auf eine Wiederauferstehung fast begraben, als
ich kam.

Ich hatte eine frische Batterie unter dem Arm. Er sprang freudig
an und lief sofort mit mir nach Hause, mit der roten Nummer
wedelnd wie ein Hund mit dem Schwanz. Wir waren beide über-
glücklich.

Der OTP ist ein viel älterer Oldtimer, als es sein Geburtsschein
vermuten lässt. Seine Karosserieform stammt aus dem Jahr 1936,
als es den 170 V als Tourenwagen gab. Deshalb ist der OTP so ein
guter Kauf. Man erwirbt einen offenen Wagen mit der Optik der
30er Jahre, den ein Dieselmotor der Nachkriegsära bewegt, von
dem alle Welt weiß, dass er so gut wie überhaupt nicht umzubrin-
gen ist. Er dachte gar nicht daran, vor Ablauf von 300 000 Kilometern das Handtuch zu werfen, er schaffte auch 400 000 und
500 000 an einem Strich. Von ihm träumen
alte Taxifahrer noch heute.

Nachdem ich meinen Diesel-Tourer noch
mit einer Anhängerkupplung ausgestattet
hatte, gab es kein Halten mehr. Ich hatte
beschlossen, ihn als Wander-Diesel zu benutzen, erwarb für ihn einen gebrauchten
Caravan passender Größe und belud ihn
auch noch mit einem Schlauchboot, Motor
und Campingmöbeln.

An einem schönen Sommertag starteten wir in Richtung Garda-
see. Er kraxelte über den Bernardino und tat sich nur am Monte-
ceneri schwer, der damals noch nicht entschärft war, während man
ihn heute kaum noch wahrnimmt. Da musste ich den ersten Gang

bemühen und die Zunge zwischen die Zähne nehmen, wenn dem Motor in einer Haarnadelkurve die Puste auszugehen drohte. Das war im Jahr 1979, als in Italien der Liter Dieselkraftstoff nur 43 Pfennige kostete. Drunten im Süden erwies er sich dann als wahrer Freudenspender. Wir machten mit ihm Tagesausflüge bei strahlendem Sonnenschein, und wir bummelten mit ihm um den See.

Das Ehepaar Busch mit dem 170 Da OTP und allem drum und dran auf Campingreise in Italien.

Das Fahren mit einem Nostalgie-Gespann ist von hohem Reiz, vor allem auch deshalb, weil sich so viele Männlein und Weiblein einfinden, die sich beinahe zu Tränen gerührt erinnern: So war das damals, als wir zum erstenmal nach Italien fuhren. Auf 50 Zelte kam ein Caravan, und wie haben wir die Caravaner beneidet! Den Traum von der Reise in den Süden verbanden wir grundsätzlich mit dem Zelten, also dem Campen. Ein Caravan bedeutete die größtmögliche Steigerung des Campens. Viele Italien-Touristen schliefen ganz einfach auf den umgeklappten Sitzen im Auto.

Der 170er Diesel Tourenwagen bleibt unerreicht, weil nie kopiert. Auf die geniale Idee, einen offenen, viertürigen Diesel zu bauen, ist bis jetzt nie wieder jemand gekommen.

Da können Sie mal sehen, was aus uns geworden ist.

Daten & Fakten

Daimler-Benz 170 Da OTP, Baujahr 1951, Vierzylinder-Dieselmotor, 1767 ccm Hubraum, 40 PS bei 3200 U/min, Höchstgeschwindigkeit 105 km/h, Normverbrauch 7,5 l/100 km.

Drei Räder genügen vollkommen!

*Ein Oldtimer, der nichts mehr zu erzählen weiß, weil
alles an ihm neu ist oder falsch oder weggewischt wurde,
ist wie ein Mann ohne Vergangenheit. Meine Lasttiere
haben viel zu erzählen.*

Da steht das Tempo-Dreirad, das der Kohlenhändler fuhr. Er kippte
manchmal damit in der zu schnell genommenen Kurve um. Dann
halfen ihm einige Passanten beim Aufrichten, und andere klauten
schnell ein paar Briketts.

So war das damals in den späten Vierzigern. Und da steht der
kleine TRIRO-Pritschenwagen, mit dem sein Erstbesitzer Gemüse
und Kartoffeln vom Großmarkt holte. Heute hat er vier Lastzüge
und zwei Herzinfarkte.

Autos wie diese beherrschten in den Gründerjahren der Bundes-
republik das Straßenbild in den Städten. Diese Dreirad-Lieferwagen
haben maßgeblich zum Wiederaufbau unserer zerbombten Städte
beigetragen. Sie beförderten alles Notwendige – von den Kartoffeln
über die Kohlen, von den Mauersteinen über die Möbel, Bau-
gerüste, Farbeimer bis hin zum Meister und seinen Gesellen. Also
haben sie einen Ehrenplatz in jedem Automobil-Museum verdient,
das Wert darauf legt, diejenigen Automobile zu zeigen, die im
Straßenverkehr der vergangenen Jahrzehnte wirklich eine Rolle
gespielt haben.

Bei meinem TRIRO ist noch alles da. Vom Original-Kraftfahrzeugbrief aus dem Jahr 1950 über den zeitgenössischen Verkaufs-
prospekt bis hin zur Beschreibung seines Doppelkolbenmotors von
Triumph mit Ersatzteilliste.

Er ist von 1950 bis 1954 gebaut worden, und seine Käufer waren
des Lobes voll ob seiner »Maschinenfabrik-Qualität«. Es waren
aber nicht viele. Etwa 500 TRIRO sollen produziert worden sein in
jenen Jahren, als GOLIATH in Bremen 30 000 und TEMPO in Ham-
burg-Harburg gar 50 000 Dreirad-Lieferwagen verkaufen konnten.
Wenn man nun bedenkt, dass von diesen Vielproduzierten recht
wenige wirklich gut erhaltene Exemplare überlebt haben, ist es
verwunderlich, dass es meinen TRIRO noch gibt und dass er noch
sehr gut beieinander ist. Ich könnte mit ihm auf Anhieb zehn Zent-

ner Briketts irgendwohin schaffen. Aber wer will heute schon zehn Zentner Briketts?

Kohlenstaub verunreinigte ihn hauptberuflich nie. Sein Erstbesitzer betrieb eine Kraftfahrzeugwerkstatt in Heilbronn, und dort diente er wahrscheinlich als Vorführwagen, denn er konnte schon drei Monate später an Frau Klara Rappold verkauft werden, die mit ihm über Land fuhr, um Viehställe zu kalken und Felle zu kaufen. Sie hielt ihn bis in den Oktober 1970 hinein in Trab und legte ihn dann still. Wahrscheinlich hat sie ihn auch sorgfältig trockengelegt.

Sein Drittbesitzer erwarb ihn nur, um mit ihm zu spielen. Nachdem er mit ihm etliche Oldtimertreffen wahrgenommen hatte, warf er ihn auf den Markt. Natürlich griff ich zu, kannte ich ihn doch seit damals, als die in jenen Tagen noch recht spärliche Presse sein Erscheinen vermeldete. Ein Foto mit Text erschien hier und da und manchmal sogar ein kleines Inserat.

Mir fielen nicht nur seine kleinen, aber breiten 6.00 x 9 Rollerräder auf, die ihn so stämmig und zugleich auch drollig erscheinen ließen, sondern auch die erfreuliche Tatsache, dass er sich mit einem Hubraum von gerade 250 ccm begnügte, der steuer- und verbrauchsgünstig war. Es war das Jahr, in dem der Kleinschnittger erschien, und es war das Jahr, in dem der große Carl F.W. Borgward glaubte, in seinem neu geschaffenen viersitzigen Lloyd der Familie nicht mehr als 300 ccm Hubraum aufbürden zu können. Solche Zeiten waren das.

Dieser Goliath mit ganzen 5 PS unter der Sitzbank diente 50 Jahre lang einem Honighändler.

So fuhr der Milchmann von Tür zu Tür. FRAMO-Dreirad aus den frühen 30ern.

Jedes Quäntchen Hubraum wurde damals bei der Kaufüberlegung auf die Goldwaage gelegt, und die Beträge für Kraftfahrzeugsteuer und die Versicherung wurden immer wieder rauf und runter und kreuz und quer gerechnet, bevor man es wagte, sich auf diese Festkosten einzulassen.

Weil es wirklich so war, konnte man den TEMPO ja auch als 200er oder 250er mit einem Zylinder haben. Er nannte sich »Boy«, und er fand rund 6000 Käufer, die nichts Verwerfliches darin sahen, diesem kleinen Motörchen bis zu eine Tonne und 100 Kilo Gesamtgewicht zuzumuten. Ja, der »Boy« war ein 1,1 Tonner, ob Sie es nun wahrhaben wollen oder nicht. Ich meine natürlich das Gesamtgewicht. Von der Zuladung her firmierten sie beide, der »Boy« und der TRIRO als 1/2 Tonner, die 400er TEMPO und GOLIATH waren 3/4 Tonner. »Boy« und TRIRO hatten aber auch noch den Vorzug, mit dem lächerlichen Führerschein der damaligen Klasse 4 bewegt werden zu dürfen. Das war jener, dem das 250er Goggomobil so viele Überlebensjahre verdankte, weil der brave Landmann den PKW-Führerschein fürchtete wie er Teufel das Weihwasser. Die Jahressteuer für den TRIRO betrug 36 Mark. Im Katalog sprach man dennoch nur von 3 Mark pro Monat. Das klang noch billiger. Und darauf kam es an.

All das fällt einem ein, wenn man vor einem volksnahen Wagen aus jenen Jahren steht. Der Volkswagen war ja damals kein solcher, als der Mann aus dem Volke 250 Mark im Monat nach Hause brachte und die Familie nach den endlich überstandenen Notzeiten erst einmal Kleidung, Möbel und Hausrat brauchte. Papa hätte für einen Liter Benzin eine halbe Stunde arbeiten müssen. Also träumte er zunächst einmal von einem Fahrradhilfsmotor. Es ist wichtig, dies alles zu wissen, weil man

Tempo und Goliath
waren für den
Wiederaufbau nach
dem Krieg unent-
behrlich.

sonst den TRIRO gar nicht versteht. So sehr also sein geringer Hubraum für ihn sprach, so abschreckend war dennoch sein Preis. Er kostete nicht 2450 Mark wie der Tempo »Boy«, sondern wahnwitzige 3675 Mark! Aber es liegen auch Welten zwischen ihm und dem »Boy«. Seine Technik ist nur mit der des GOLIATH vergleichbar, und der kostete trotz rationeller Serienfertigung auch beachtliche 3600 Mark. Wer kleine Autos hochnäsig betrachtet, der ist nicht wirklich ein Auto-Fan. Mit dem TRIRO könnte ich den Torfmull für meinen Garten holen, die Bretter und Pfosten für die Zäune, die Bäume und Pflanzen, die Platten für die Wege.

Daten & Fakten

TRIRO Lastenroller, Baujahr 1951, Triumph Einzylinder-Doppelkolben-Zweitaktmotor, 248 ccm Hubraum, Leistung 9 PS, Drehzahl 3500 U/min, Verbrauch etwa 5 l auf 100 km, Höchstgeschwindigkeit mit Last 50 km/h.

Ohne umzukippen. Leider habe ich meinen damaligen Traum, mit meinem TEMPO und meiner fast schon perfekten Campingausrüstung mit Weib und Kind nach Italien zu fahren, nicht verwirklichen können. Und das nagt heute noch an meiner Seele.

Borgwards erster Leukoplast-Bomber

1931/32, als Borgward ihn schuf, steckte das Land in der finstersten Wirtschaftskrise, und 1949/50, als er den kleinen Lloyd auf die Räder stellte, ging es den Deutschen kaum besser. In tiefsten Krisenzeiten ist der Mensch dankbar für einen Zylinder mit einer Handvoll Pferdestärken, die seinen fahrbaren Untersatz bewegen.

Für ihn brauchte man keinen Führerschein. Steuerfrei war er auch. Das zählte damals, als der kleine Mann mit 200 Mark im Monat nach Hause kam. Der Kleine kostete damals zwischen 1100 und 1400 Mark – je nach Ausführung.

Vor allem die kleinen Handwerker und Gewerbetreibenden, die das Pferd endlich abschaffen mussten, wenn sie konkurrenzfähig bleiben wollten, griffen freudig zu den kleinen Dreirad-Liefer-wägelchen. Da konnte sich auch der Geselle sofort hinters Lenk-rad klemmen, ohne die damals gefürchtete Führerschein-Prüfung ablegen zu müssen. Im Straßenverkehr waren die kleinen Knatter-büchsen kein Hindernis, denn da mischten auch noch die Pferde-fuhrwerke mit, ebenso die vollgummibereiften Lastwagen und Anhänger, die kaum je schneller als 20 km/h fuhren. Dazu die vie-len von Hand geschobenen Karren der Händler und Handwerker – nicht zu vergessen, dass die erlaubte Höchstgeschwindigkeit innerorts nur 30 km/h betrug. Da konnten die Kleinen mühelos mithalten. Beim Pionier zeigt sich schon Borgwards glückliche

Hand im Entwerfen von Karosse-rien. Der Wagen hat eine ausgewo-gene Form, seine Linienführung ist ohne Stilbruch. Aber Borgward bot mehr. Er scheute sich nie, auch für die kleinsten Wägelchen, an denen immer sein Herz hing, eine sauber durchkonstruierte Technik zu schaf-fen, so dass sie wie aus einem Guss wirkten. Mancher andere Kleinst-wagen glich eher dem Fehltritt einer Schiebekarre mit einem Motorrad –

nicht bei Borgward. Im Pionier ist bereits das VW-Prinzip verwirklicht: Schwingachse, Motor dahinter, Getriebe davor, Differential dazwischen und Luftkühlung durch Gebläse. Also war der Pionier alles andere als ein zusammengeschustertes Billig-Mobil. Er war ein richtiges Auto.

Auch den kompletten Antriebsblock kann ich den Besuchern meines Museums zeigen, ohne ihn aus meinem Goliath ausbauen zu müssen. Ich konnte ihn nebst einigen anderen Pionier-Teilen erwerben, als mein Pionier kaum eingetroffen war – ein Glücks-

fall, beinahe ein Wunder, wenn man bedenkt, dass auch das Original-Lenkrad in dieser Restmasse vorhanden war, während mein Pionier mit einem viel zu modernen Lenkrad verfälscht worden war. Das geschah irgendwann im Laufe seines Lebens, das ein langes und arbeitsreiches war, wie seine Papiere ausweisen.

So schnurrte er noch 1975 rund um den Wolfegger Schlossplatz: Der Goliath Pionier.

Einziger Besitzer meines Pionier war, wie der Vorkriegs-Kfz-Brief und die mitgelieferten Nachkriegspapiere ausweisen, ein Küfermeister aus Groß-Gerau. Der ließ 1949 gar einen 348 ccm Kühne-Motor einbauen und stellte das 200 ccm Ilo-Motörchen auf die Seite. Nun bewegte er den Kleinen mit 13,5 PS, mit denen er ganz schön flott gewesen sein muss bei seinem geringen Eigengewicht von 345 Kilogramm. Der Pionier fuhr bis zum 17.10.1958 – dann wurde er vorübergehend abgemeldet und ein Jahr später stillgelegt.

Kerngesund steht er in meinem Museum, und seine gesamte Technik funktioniert einwandfrei. Ich könnte mit ihm sogar eine Deutschlandreise machen, wozu ich große Lust hätte, aber keine Zeit.

Daten & Fakten Goliath Pionier

Motor Ilo 198 ccm, 5,5 PS bei 3000 /min, Höchstgeschwindigkeit ca. 45 km/h, Neupreis 1933: 1250 Reichsmark.

Das Auto, in dem ich aufwuchs

Wenn sich jemand darüber mokiert, dass die Ledersitze brüchig sind, wirft mich das nicht aus der Kurve. Auch die feinste und teuerste Sattlerarbeit könnte mir das nicht ersetzen, was sie mir geben: Eine so intensive Erinnerung an meine Kindheit, wie ich sie sonst nirgends finden kann – denn im offenen 4/20er Opel bin ich gewissermaßen aufgewachsen.

Da ist vor allem dieser Geruch, den ich nie vergessen habe und den ich niemals missen möchte, er ist einmalig und unverwechselbar. Eine Duftmischung aus Benzin und Leder, Verdeckstoff und ölgetränkten Bodenbrettern, dazu ein Hauch von Staub und Gummi.

Seine Hauptkomponente kam dadurch zustande, dass der unten am Falltank im Fußraum angebrachte sogenannte »Dreiwegehahn« mit den Stellungen ZU, AUF, RESERVE niemals dicht war, so dass in feiner, regelmäßiger Dosierung Benzin auf den Bodenteppich tropfte, der es dann gemächlich wieder ausschwitzte. Dieser Duft übertrug sich auch auf den Fahrer. Für mich war dieser Hauch von Opel damals das feinste und liebste Parfüm, und wir alle in der Familie rochen danach.

Als Opel, damals noch im Familienbesitz, im Mai 1924 den »kleinen 4 PS« auf so etwas ähnlichem wie einem Fließband zu produzieren begann, waren die Folgen des ersten Weltkrieges gerade eben überwunden. Die politischen Wirren und die Inflation von heute unvorstellbarem Ausmaß waren ausgestanden. Die 20er Jahre begannen golden zu schimmern.

Erst jetzt, obwohl die Geschichte des Automobils doch schon so lange währte, wurde in Europa die Zeit reif für ein Volks-Automobil. Der Herr Jedermann durfte jedoch kein kleiner Mann sein. Der kleine Mann fuhr Rad und Straßenbahn.

Die Beine der Damen lagen endlich frei, man trug den Topf-Hut auf dem frechen Bubikopf und tanzte Charleston. Der Kinofilm war noch stumm, und das Radio begann, mit dem Grammophon um die Wette zu krächzen.

Da kam der Laubfrosch. So nannte der Volksmund den kleinen Opel, weil er so einheitlich grün war, wie das T-Modell von Ford schwarz. Um der historischen Wahrheit willen sei erwähnt, dass es

dieses Auto schon seit 1922 gab, zwar nicht in Deutschland, aber in Frankreich. Und dort hieß es Citroen. Die Rüsselsheimer Brüder hatten den kleinen Citroen einfach abgekupfert, weil es halt schnell gehen musste mit dem Wagen fürs Volk.

Wenn es wirklich ein Zeichen von Altwerden ist, dass man sich gern zurückerinnert, dann bin ich schon 1946, mit 24 Jahren, ein Greis gewesen. Kaum aus dem Krieg heimgekehrt und hier und da mal richtig satt geworden, wünschte ich mir nichts sehnlicher als das Auto meiner Kindheit, den 4/20er Opel zu besitzen.

Also kaufte ich mir einen. Er kostete 1946 in Leipzig so viel wie 20 Pfund Butter oder 200 Brote, nämlich 10 000 Mark. Es war ein 4/20er von 1929, und als ich mit ihm zum ersten Mal durch die Ruinen der großen, leeren, zerbombten Stadt fuhr, erst in diesem Augenblick war für mich der Krieg zu Ende.

Ich musste ihn zurücklassen, als ich 1947 in den Westen ging. Aber kaum hier angekommen, trieb ich wieder einen 4/20er Opel auf. Damals wohnte ich in Hamburg, und dort überraschte mich die Währungsreform.

Der Opel war mein einziger Besitz, und ich brauchte Geld für den nunmehr endgültigen neuen Start in eine bessere Zukunft. Also gab ich ihn dem Handelsvertreter, der mir 350 neue D-Mark dafür bot. Weg war er, aber die 350 Mark waren mein Startkapital. Ich tröstete mich mit der Gewissheit: Eines Tages wirst du wieder einen 4/20er haben.

Es dauerte ein Weilchen, aber im Sommer 1972 stand er endlich vor meiner Tür. Ich schloss die Augen, beugte mich über die Bordkante und nahm seine Witterung auf – 40 Jahre verschwanden wie nichts, es war schon wieder wie einst im Mai. Ich hatte es ja auch schon immer gewusst: »Einmal wirst du wieder bei mir sein …«

Daten & Fakten

Opel 4/20, Baujahr 1929, 4 Zylinder, 1018 ccm, 20 PS bei 3500/min, Höchstgeschwindigkeit 77 km/h, Verbrauch ca. 7–8 Liter, Preis damals 4000 Mark.

… ein Bummel
auf der Straße der
Erinnerungen.

Die Autos und die Schlager jener Jahre

Warum saß denn »Tante Paula im Bett und aß Tomaten?« Ich will es Ihnen nicht verschweigen:

> »… eine Freundin hatte ihr dazu geraten.
> Jede Viertelstund
> nimmt sie ab ein Pfund.
> Keine Suppe, kein Gemüse, keinen Braten.
> Vor ‚ner Woche war die Tante kugelrund –
> übermorgen wiegt sie höchstens noch ein Pfund«.

Also Diät. Da können wir doch mitreden, pardon, singen. Vielleicht war die Tante für den Kleinwagen ihres Mannes zu schwergewichtig. Man fuhr den kleinen Hanomag, Kommissbrot genannt, den kleinen Opel-Zweisitzer mit Spitzheck, Laubfrosch genannt, den winzigen Dixi, der keinen Spitznamen bekam, weil er ohnehin schon so lustig hieß (sie stehen natürlich allesamt in meinem Museum), aber, wenn überhaupt motorisiert, fuhr man in der Mehrzahl der Fälle Motorrad. Und da fällt mir schon der passende Schlager ein:

> »Meine Oma fährt im Hühnerstall Motorrad,
> ohne Hupe, ohne Bremse, ohne Licht!«

Welchen Zweit-
wagen schenkte
der begüterte Gat-
te seiner Gemahlin?
Das Hanomäxchen?

Und dann kam der Tango. Ende der Zwanziger, gleich nach dem
Charleston. Meist gesungener war (sofern man Tango überhaupt
singt):

> Oh, Donna Clara! Ich hab dich tanzen gesehn,
> und deine Schönheit hat mich toll gemacht.
> Ich hab im Traum dann
> Dich gar im Ganzen gesehn,
> das hat das Maß der Liebe vollgemacht.
> Bei jedem Schritte und Tritte
> Wiegt sich dein Körper genau in der Mitte.
> Und herrlich gefährlich sind deine Füße,
> du Süße, zu sehn!«

Da bot das Fräulein Helen doch schon etwas mehr:

> »Ich hab das Fräulein Helen
> baden sehn, das war schön.
> Da konnt' man Waden sehn
> Rund und schön, im Wasser stehn ...«

Der Mann als solcher

*Männer haben einen Traum, der sie von Kind an begleitet
und bis ins hohe Alter nicht verlässt. Es ist der Traum vom
Leben in freier Wildbahn.*

Vage verwirklicht beim kindlichen Indianerspiel, am Lagerfeuer
der Pfadfinder, im Ferienzeltlager. Weitergeträumt beim lustvollen
Reinziehen von Westernfilmen, im Abenteuerurlaub und teilreali-
siert mit der Anschaffung eines Geländewagens …

Hier sollen drei Punkte die Aufzählung unterbrechen, damit sie
jeder fortsetzen kann, wie er mag. So kann er mühelos auf die Oldtimerei kommen, die er betreibt als Ersatz für das Pferd, um das er
in seinem Leben zu kurz gekommen ist. Die Blockhütte am See in
den Weiten Kanadas bleibt davon unberührt. Sie ist als Traumbild
durch nichts zu ersetzen und keiner Steigerung zugänglich, es sei
denn wir setzen ein Wesen wie Claudia Schiffer davor, lassen es
den selbstgefangenen Lachs zubereiten und ausrufen: Fahr mit dem
Kanu nicht so weit raus, wir essen gleich.

Männer sind nur dann richtige Männer, hörte oder las ich kürzlich aus berufenem Munde, wenn sie die Fähigkeit besitzen, jederzeit zu denken und zu handeln, als wären sie noch ein Kind. Dass
uns daran 1000 alltägliche Widrigkeiten hindern wollen, wissen
wir Männer, und es gehört viel Mannesmut dazu, solche Hinder-
nisse zu missachten.

Bei Loriot spielt der Mann in der Badewanne mit seinem Papierschiffchen. Treffender lässt es sich nicht sagen. Bekennen wir uns
also ohne Scham dazu, verleugnen wir uns nicht selbst. Das Ritual
bei der Eheschließung bedarf dringend einer Ergänzung: ihn lieben
und ehren, auch wenn er mit Papierschiffchen spielt, bis dass der
Tod euch scheidet.

Es gibt, meine Damen, keine langweiligeren Männer als solche,
die kein Hobby haben und die bei Tag und Nacht so tun, als seien
sie erwachsen und nichts als erwachsen. Wenn er vor dem Einschlafen sichtlich grübelnd neben Ihnen liegt, brauchen Sie dem
Mann, der ein Hobby hat, gar nicht erst die peinliche Frage zu
stellen, woran er jetzt wohl denke. Er spielt gerade. Jener ohne das
geringste Hobby jedoch geht wahrscheinlich gerade fremd. Hüten

Sie sich vor seinen Träumen. Wenn es ihn gäbe, würde ich nur einen Bundeskanzler wählen, der Oldtimer sammelt. So sollen auch die Amerikaner ihren Präsidenten sehen und die Russen den ihren und die Briten und Franzosen ihre Premiers. Und so weiter. Es gäbe keine Krise mehr und auf jeden Fall das Wechselkennzeichen.

Auch unter einem Vorgesetzten, der Oldtimer sammelt oder zumindest einen selber restauriert, lässt es sich leben. Oft genügt der Hinweis darauf, dass man weiß, wo es noch ein Kleinschnittger-Lenkrad gibt, für eine steile, innerbetriebliche Karriere.

Aber nichts geht über die Partnerin, die Sitzbezüge nähen, einen Himmel einziehen und beifahrend die Rallye-Fährte lesen kann. Sie darf sicher sein, im Traum von der Blockhütte nicht gegen Claudia Schiffer eingetauscht zu werden. Das ist wohlverdient, denn sie hat ihn begriffen, den Mann als solchen.

Die Geschichte
von Hans Albers' Cadillac

Vor mir liegt der Kraftfahrzeugbrief Num-
mer 158528, ausgestellt am 4.10.1951
beim Landratsamt Starnberg. Das dort ein-
getragene Kennzeichen lautet B 63-3099,
und als Fahrzeughalter wird genannt: Hans Albers, Beruf
Filmschauspieler, Wohnort Garatshausen, Post Tutzing.

Hans Albers war ein Cadillac-Fan seit 1934, als er sich einen Cadillac-
Zwölfzylinder aus den USA kommen ließ, das viertürige, sechs-
sitzige Cabriolet mit langem Radstand, ein prächtiges Schaustück.
Albers war damals 43 Jahre alt. Er hatte gerade den UFA-Film
»Gold« abgedreht mit Brigitte Helm als Partnerin und den Vertrag
zu »Peer Gynt« unterschrieben. Er besaß ein Haus in Berlin und
seine »Rosen-Villa« in Garatshausen am Starnberger See, die seine
»liebste Bleibe« war.

1934, nach »Gold« standen ihm noch 33 Filme bevor, und etwa
60 lagen schon hinter ihm – die Stummfilme mitgerechnet. Hans
Albers hatte schon längst keine Geldsorgen mehr. In manchem Jahr
drehte er drei Erfolgsfilme. Er erfreute sich blühender Gesundheit,
die selbst er nicht unter den Tisch zu trinken vermochte, und das
Volk liebte ihn wie keinen anderen aus der Flimmerkiste.

In der Geschichte des 51er Hans Albers Cadillac spielt der Film-
produzent Erich Pommer eine Rolle. Er hatte mit Hans Albers schon
1931 »Bomben auf Monte Carlo« gedreht. Als dieser Film durchs
Land lief, sang ganz Deutschland die beiden Schlager dieses Films:

»Das ist die Liebe der Matrosen …« und
»Eine Nacht in Monte Carlo.«

Erich Pommer musste bald Abschied
vom deutschen Film nehmen, er emigrier-
te nach der Machtübernahme durch Hitler
in die USA. Nach dem Krieg kehrte er als
US-Filmoffizier Eric Pommer nach Rest-
deutschland zurück. Als freier Produzent
gewann er Hans Albers für den Film »Nachts
auf den Straßen«, in dem der nun schon

Sechzigjährige einen Fernfahrer spielt, der sich in Hildegard Knef verliebt.

Nach Ende der Dreharbeiten im September kehrte Albers mit seinem Fahrer Paul Schraml nach Garatshausen am Starnberger See zurück. Beide waren müde von der langen Fahrt, und Hans Albers strebte schon auf das Haus zu. Da hörte er auf halbem Wege seinen Chauffeur rufen: »Herr Albers, da kommen's her, schaun's!«

Der Schraml stand vor der offenen Garage und starrte fassungslos hinein. Albers kam, und die beiden blickten auf ein »Wahnsinns-Auto«, einen gewaltigen Straßenkreuzer, der kaum in die Garage passte, einen Cadillac. Der war das Geschenk Eric Pommers an seinen Hauptdarsteller, der am 22. September Geburtstag hatte und zwar seinen sechzigsten.

Der Wagen kostete damals 35.000 Mark, und das war 1951 eine Unmenge Geldes, gleichzusetzen mit 100 Monatseinkommen von Otto Normalverbraucher. 1951 brachte die amerikanische Fachzeitschrift *Motor Trend* einen Test über den Cadillac »Serie 62«, in dem es einleitend hieß: »In New York oder Dallas, Chicago oder Beverly Hills, kaufen sich die Leute, die es geschafft haben, automatisch einen Cadillac. Der Cadillac ist sozusagen das äußere Zeichen für Erfolg im Leben«. Ein passenderes Geschenk für seinen Albers hätte sich Eric Pommer kaum ausdenken können.

Fritz B. Busch auf Hans-Albers-Gedächtnistour am Starnberger See.

Was sagte er denn eigentlich, als er den Cadillac erblickte? Er stemmte beide Hände in die Hosentaschen, holte tief und hörbar Luft, dass sich sein Brustkorb blähte, und stieß dann zwischen den Zähnen hervor: »Junge-Junge, das is ja 'n dicker Otto!«

Ich erwarb den Wagen, nachdem er nach dem Tod von Hans Albers wegen Erbstreitigkeiten fast zehn Jahre herumgestanden. Wie hätte ich nein sagen können, wo ich doch nicht nur ein Automuseumsbesitzer, sondern auch ein glühender Albers-Verehrer bin, und das von Kindesbeinen an. So wie er wollten wir doch alle sein, wir siegten und liebten und litten und sangen mit ihm. Und das war eben auch das Großartige an ihm, dass er nicht nur siegen, sondern auch leiden und beinahe weinen, zumindest aber schluchzen konnte.

Als sich sein Todestag zum 25. Mal näherte, beschloss ich, den Cadillac wieder in Betrieb zu nehmen und mit ihm eine Hans

Albers Gedächtnisfahrt zu machen. Aber wie und wohin? Ich saß grübelnd im frisch zugelassenen Wagen, der beim TÜV ohne Beanstandungen durchgekommen war, nachdem sich mein Museums-Mechaniker ein paar Tage lang mit ihm beschäftigt hatte, saß hinter dem Lenkrad und überlegte. Hat er hier gesessen, hier hinter dem Lenkrad? Oder hinten, und wenn ja, hinten rechts oder hinten links? Nun, hinter dem Lenkrad saß er nie, er ließ sich immer chauffieren, denn es gab keinen Zeitpunkt am Tage und erst recht keinen bei Nacht, zu dem sein Blutalkoholspiegel verkehrstauglich gewesen wäre. Nach dem Krieg fuhr ihn Paul Schraml. Das las man hier und da, wenn man ihn auch stets fälschlicherweise Schrammel schrieb. Wie alt mag der Paul Schraml wohl damals gewesen sein? Und wie, wenn er noch lebte?

Ich begann zu recherchieren und suchte natürlich nach einem Herrn Schrammel. Also recherchierte ich eine ganze Weile in die falsche Richtung und führte wohl zwei Dutzend Telefonate, bevor ich am anderen Ende eine Stimme sagen hörte: »Schraml«. »Der

Paul?« rief ich. »Ja, Paul Schraml hier. Wer spricht da?«

Er war 74, und er hatte keine Ahnung, dass »sein« Cadillac noch existiert. Ich schickte ihm gleich ein Foto vom dicken Otto, und dann trafen wir uns. Wir verabredeten uns zur geplanten Gedächtnisfahrt. Am Lenkrad saß nun wieder der Paul Schraml. Hinten rechts (»da saß er immer«) hatte ich es mir bequem gemacht. Wir fuhren durch Tutzing in Richtung Garatshausen, und es war nicht schwer, die Abzweigung zu finden. Man biegt einfach in die Hans-Albers-Straße ein. Und dann waren wir bei der Rosen-Villa. Sie steht noch, in ihr residiert eine Behörde. Auch das Bootshaus steht noch im Wasser auf seinen Stelzen. Hier hat Hans Albers mit seinen Freunden von Bühne und Film so gerne gezecht. Aber gesegelt hat er auch, Segeln war sein Hobby. Der Paul musste den Bootsmann spielen.

Hier war er zu Hause, in Tutzing in der »Rosenvilla«.

Die Doppelgarage, die in der Geschichte des Hans Albers Cadillac eine wichtige Rolle spielt, steht unversehrt da mit ihren aufwändigen, schönen Holz-Flügeltoren. Da hat sich aber auch nichts verändert. Von hier aus werden wir die Fahrt vom 22. September 1959 wiederholen, die seine letzte Ausfahrt rund um den Starnberger See war.

An jenem Tag feierte Hans Albers seinen 68. Geburtstag, und es war sein Geburtstagswunsch, noch einmal um den See gefahren zu werden. Von der Ilka-Höhe in der Nähe von Tutzing aus hat man einen weiten, breiten Blick über den See. Hier stand der Wagen am 22. September 1959, und Hans Albers hat lange über den See geblickt. Dann sagte er: »Und nun fahren wir nach Hause, Paul, ich glaube, das war unsere letzte Fahrt«.

Seine Vorahnung hatte ihn nicht getäuscht. Er starb am 25. Juli 1960.

Daten & Fakten

Cadillac Typ 62, Baujahr 1951, 8 Zylinder V-Motor, 5,4 Liter Hubraum, 162 PS bei 3800 U/min, Höchstgeschwindigkeit 160 km/h, Erstzulassung 4.10.1951, Preis damals: 35.000 DM.

Die große Zeit der Straßenschlepper

Wegen seines schrulligen Einzylinder-Glühkopfmotors ist der Bulldog von Lanz in Mannheim unvergessen. Um den Hanomag-Schlepper wird dagegen kein Rummel veranstaltet, obgleich er doch zu seiner Zeit zum Straßen-Zirkus- und Festwiesenbild gehörte wie die legendären Kaltblut-Pferde, denen er das Überleben schwer machte. Sein geringer Nachruhm mag aber auch damit zusammenhängen, dass es von ihm nur noch wenige gibt.

Er ist auch heute noch ein »schöner« Traktor. Damals sah er mit seinem großen Messingkühler und seiner klassischen Motorhaube recht Auto-ähnlich aus, und das zählte zu seinen verkaufsfördernden Pluspunkten. Das aus dem gleichen Stall stammende Hano-

mag-Kommissbrot litt hingegen sehr darunter, dass es ganz und gar nicht wie ein Auto aussah.

Der WD-Schlepper mit seiner Blockkonstruktion (ohne Rahmen) und seinem Vierzylindermotor kam von allen deutschen Traktoren dem amerikanischen Fordson Schlepper am nächsten. Der war in jenen Jahren weltweit auf dem Schleppersektor das Maß der Dinge, meistverkaufter Traktor der Erde.

In Deutschland hatte das Pferd noch die Oberhand. Im Jahr 1921 waren im gesamten, damals noch recht geräumigen Reichsgebiet nur 250 Zugmaschinen in Betrieb – nicht auszudenken. Aber 1929 waren es dann schon 25 000, also hundertmal so viel. Den stärksten Zuwachs registrierte man im Jahr 1925, als der Bestand von 1000 auf 6700 Einheiten hochschnellte.

Der Grund hierfür ist in der Wiedererstarkung der Währung zu suchen, die nach den bitteren Inflationsjahren endlich den wirtschaftlichen Aufstieg ermöglichte. Knapp ein Vierteljahrhundert

Ab und zu dürfen sie mal raus. Drei Museumstraktoren auf Spritztour.

später, als die neue, harte D-Mark das Schwarzmarktgeschiebe mit seiner Zigarettenwährung ablöste, war die Situation ähnlich.

Wer in den End-20ern und in den 30ern den Straßenverkehr beobachtete, der hatte den Eindruck, dass es der Schlepper war, der das Pferd ersetzte. Er zog nun Koks und Briketts, Baustoffe und Langholz, er zog die Zirkus- und Schausteller- und Möbelwagen. Und nicht selten waren es die gleichen, nur an der Zugdeichsel abgeänderten Transportwagen, die zuvor von Pferden bewegt worden waren.

Damals durfte man innerorts nur 30 km/h schnell sein, weshalb auch die Höchstgeschwindigkeit der als öffentliche Verkehrsmittel dienenden Omnibusse kaum höher lag. Damals fiel auch noch hin und wieder ein Pferd um, das auf dem glatten Kopfsteinpflaster ins Straucheln geraten war. Über ihm musste ein Dreibeingestell errichtet werden, damit es wieder auf die Beine kam. Später kippten dann die Dreirad-Lieferwägelchen um, doch die konnten von einer Handvoll Passanten schnell wieder auf die Beine gestellt werden. Aber fürs Zuschauen war ein umgefallenes Brauereipferd zehnmal besser geeignet – ja, damals war noch etwas los in unseren Städten.

Mein Museums-Exemplar hatte in der Landwirtschaft gedient. Im Jahr 1929 hatte die deutsche Landwirtschafts-Gesellschaft den Hanomag-Radschlepper (daher das R vor der Typenzahl) einer Dauerprüfung unterzogen. Sie währte 638 Betriebsstunden und schonte das Fahrzeug »in keiner Weise«. Die Untersuchung nach Beendigung der Strapazen ergab einen einwandfreien Befund aller lebenswichtigen Teile. Der Lohn war die »Silberne Preismünze

1929«. Mein Museums-Exemplar besitzt zwei schwergewichtige Bronze-Vergaser, von denen der eine zum Starten und Warmlaufen mit Benzin benutzt wird und der andere dann nach Umschalten dem Motor das billigere Petroleum oder den damals so genannten »Traktorentreibstoff« zuführte. Der große Trommeltank ist zweigeteilt, und auf den

Das ist er, der bärenstarke Hanomag WD Schlepper.

beiden Schraubverschlüssen ist deutlich vermerkt, wo Benzin und wo Petroleum einzufüllen ist.

Außer Bronze ist viel Messing und Kupfer am Motor um ihn herum angeordnet, und so ist es fast ein Wunder, dass eine solche Maschine die Nachkriegsnotzeit unversehrt überstanden hat, in der man für solche »Buntmetalle« Butter und Speck hätte eintauschen können.

Den Diesel-Schlepper sah man mit den abenteuerlichsten Anhängseln fahren, Schwertransporte von mehreren Zirkuselefanten bis hin zur Straßen-Dampfwalze plus mächtigem Teerkocher-Wagen, denn der Diesel hatte, laut Prospekt, eine »Zugleistung bis 600 Zentner«. Und das sind auch heute noch 30 Tonnen.

Dem Prospekt möchte ich noch zwei weitere Formulierungen entnehmen. Die eine regt zum Erstaunen, die andere zum Schmunzeln an: »Die Höchstgeschwindigkeit der Hanomag Zugmaschine beträgt 16 km/h, wie sie für alle führerscheinfreien Zugmaschinen gesetzlich vorgeschrieben ist.«

Wer hätte das gedacht? Für das kleine Hanomag-Kommissbrot jedenfalls war die Führerscheinprüfung unerlässlich. Also Spitze 16 km/h. Und nun kommt es: »Sie liegt sicher auf der Straße und selbst bei Höchstgeschwindigkeit sehr sicher in der Kurve.«

Da konnte man also getrost »volle Pulle« fahren ...

Daten & Fakten
Hanomag WD R 28 A, Baujahr 1928, 4,25 Liter Hubraum, 4 Zylinder, 28 PS, 15 km/h

Spaß mit Spatz

Die Spatzen sind fast ausgestorben. Man kann die Angebote an Veteranen in den verschiedensten Zeitungen monatelang verfolgen, ohne jemals auf einen Spatz zu stoßen.

Böse Zungen behaupten, sie seien eben alle verbrannt. Es kam tatsächlich vor, dass einem stolzen Besitzer sein Spatz unter dem Hintern wegbrannte. Die auf der Innenseite grobfaserige Kunststoffwanne saugte sich im Motorbereich nach und nach voll Tropfbenzin und Ölgemisch, und der heiße Auspuff ließ das Ganze dann eines Tages hochgehen.

Nein, verrostet sind sie nicht. Das blieb der Spatz-Karosserie erspart, denn sie war aus Kunststoff und gut gemeint. Sie sollte hübsch sein ohne Presswerkzeuge und langlebig durch die Verwendung von verrottungsfreiem Material - GFK, glasfaserverstärktes Polyester. Schön war sie wirklich, damals besonders. Ein Spatz im Schaufenster, das war eine Hingucke damals, um die Mitte der fünfziger Jahre. Junge Leute bis hin zu jungen Ehepaaren mit einem Kind himmelten den Kleinen an. Letztere auch deshalb, weil er ein Dreisitzer war.

Dass wir uns damals um einzylindrige Kleinstwagen scharten, war kein Wunder. Wir hatten kaum das Geld für ein Motorrad. Ein Kleiner wie der Spatz war so etwas wie ein Traumwagen. Und Eingeweihte wussten, dass kein Geringerer als der Professor Ledwinka, den Fachleute in einem Atemzug mit Porsche nennen, den Wagen konstruiert hatte.

»Verbrochen« hatte ihn aber ein ganz anderer, nämlich der Rennfahrer Egon Brütsch. Der legte damals seine Kunststoff-Eier mit Rädern dran wie ein gedoptes Huhn. Er verstand es, formschöne Polyester-Karosserien zu machen.

Auf den Rädern, die er unmittelbar an die Kunststoffschale hängte, liefen die Dinger auch, aber meist nicht viel weiter als vor den Augen der Presse hin und her. Im Alltagsbetrieb rissen die Verankerungen aus der »selbsttragenden« Schale. Deshalb zog Harald Friedrich von Traunreut, Egon Brütschs erster Lizenznehmer, den Professor Ledwinka zu Rate, und der machte aus dem Ei ein Auto.

Er war zu Unrecht ein Misserfolg. Denn er war viel lustiger als die BMW Isetta und das Goggomobil. Auch hübscher als diese. Alles in allem sind rund 1500 Exemplare gebaut worden. Das letzte 1958.

Ich bin froh, dass ich einen Spatz besitze. Er ist mir von allen Kleinstwagen, die damals mit bescheidensten Mitteln auf die Räder gestellt wurden, der liebste. Und wenn wir ihn heute mit einem unserer verbrauchsgünstigen Einzylinder-Viertakter im Heck bauen würden, welch fröhlicher Krisenkiller für junge Leute könnte er sein …

Daten & Fakten

Victoria Spatz, 1956. Zentralrohrrahmen und vordere Kurbellenker im VW Stil, luftgekühlter Einzylindermotor von Fichtel & Sachs, 200 ccm Hubraum, 10 PS. Höchstgeschwindigkeit 75 km/h, Gewicht 290 kg. Verbrauch 4–5 l, Preis damals 3000 Mark.

Die echten Roadster
fordern den ganzen Mann!

»Der Käufer wollte den Motorwagen als Kutsche haben, nur eben ohne Pferde – wenn es denn schon sein sollte.«

— · —

»Der Kutscher saß bei allen Karosserievarianten grundsätzlich im Freien, lange, lange Zeit auch noch, als aus dem Motorwagen das Taxi geworden war, musste er bei Wind und Wetter draußen bleiben – wie die Piloten der ersten Verkehrsflugzeuge, die, eingehüllt in Pelz und Leder, hinter dem Propeller und vor der Passagierkabine im Wind saßen. Auch die Straßenbahnschaffner standen bis in die frühen Dreißiger hinein ganz vorn ungeschützt bei jeglicher Witterung an ihrer Kurbel. Die Fahrer der städtischen Omnibusse übrigens ebenso.

Man war damals der Meinung, dass derjenige, der ein Fahrzeug oder gar ein Flugzeug lenke, die Nase im Wind haben müsse, um alles sehen und hören und sicher reagieren und manövrieren zu können. Gar so schief lag man damit nicht.«

— · —

Herr Otto Julius Bierbaum machte im Jahr 1902 mit einem einzylindrigen Adler eine viel beachtete Italienreise, und er schrieb zum Thema Windschutzscheibe dieses: »Ein Schutzglas gegen den Luftzug haben wir nicht, weil man uns gesagt hat, es habe allerlei Nachteile, es klappere gerne und sei alle Augenblicke voll Staub. Meine Frau möchte aber auf Reisen nicht Staub wischen, und ich selbst habe eine Aversion gegen klappernde Fenster.«

»Roadster werden geliebt und Liebe macht blind. Ein Sportwagen-Test ist so etwas wie der Versuch, jemandem eine flotte Blondine einreden zu wollen, die nicht mal kochen kann, ohne zu ahnen, dass er eine treusorgende Hausfrau sucht.«

Aus einem Busch-Text: »Man reitet einen Motor mit zwei Notsitzen«.

Ein Traum in Azur-blau ist der legendäre Alfa Giulietta Spider.

»Roadsterfahrer sind wie eigensinnige Kinder. Und mit denen soll man nicht über ihr Spielzeug streiten, es führt zu nichts.«

»Ich musste solche Ungeheuer bewegen wie damals den ersten nach Europa gelieferten Sting Ray. Der schlug sämtliche auf dem Markt befindliche Briten-Roadster um Längen, und zwar in allen Disziplinen. Er war zwar kein Roadster, aber er benahm sich viel schlimmer.

Nach vier Tagen Rom und um Rom herum hatte ich einen derartigen Muskelkater in allen Gebeinen, dass ich das Campariglas nur noch mit den Zähnen anheben konnte. Und ausgerechnet in dieser Verfassung kriegt man einen ungefähren Begriff davon, wie viele Mädchen es auf der Welt gibt, die neben einem sitzen wollen. Die Via Veneto ist überfüllt von ihnen. Zwecklos, der Sting Ray frisst den ganzen Mann auf – vom Scheitel bis zur Sohle. Was am Abend übrig bleibt, ist ein Pflegefall.«

»Ach ja, die Roadster, die echten, nicht die von heute. So wie man einen Seemann an seinem leicht schwankenden Gang erkennen kann, so erahnte man an der Haltung des Mannes den Roadster Fahrer. Seine Lendenwirbel waren stets etwas durcheinander, und im sichtlichen Bemühen, dennoch aufrecht zu gehen, outete er sich, ohne es zu ahnen.«

— · —

»Kein Dach über'm Kopf, aber 'ne große Klappe!«

Unverkennbar ein echter Briten-Roadster ist der MG A.

Durchgehend geöffnet

*Weil unsere Zeit so arm ist an originellen Automobilen,
und weil man sie nun auch noch im Windkanal ihres
letzten persönlichen Gesichtsausdrucks beraubt, also weil
sie mehr und mehr zu uniformen Schachteln degenerieren
mit Rädern dran, deshalb macht es so viel Spaß, sich ein
Auto zu kaufen, das es nicht mehr gibt. Als es solche Autos
noch gab, gab es auch noch die Freiheit, Automobile zu
bauen, ohne auf die Meinung des Gesetzgebers hören zu
müssen.*

Diese ist dann so ausgeufert, dass ein neu geschöpftes Automobil
heute in erster Linie den Beweis erbringen muss, dass es keine ver-
meidbaren Krankenhaus- oder Bestattungskosten verursacht.

Nach der Überwindung wei-
terer trübseliger Hürden darf es
dann notfalls auch noch Spaß
machen. Unsere fahrerischen
Qualitäten sind allem Anschein
nach derart mitdegeneriert, dass
man unser Auto erst einmal mit
80 km/h gegen eine Mauer knallt,
ehe man wagt, es uns in die
Hand zu drücken. So, wie man
Kindern Schokoladen-Zigaretten
gibt und Geisteskranke in Gum-
mizellen aufbewahrt.

Nicht anders springt man mit
uns um. Man hält uns für außer-
stande, unser Auto anders als
selbstmörderisch zu handha-
ben.

Ein Spider, wie die Alfa Giulietta, blieb dabei natürlich auf
der Strecke. Ich meine die Giulietta, die noch das hübsche,

unverfälschte, kesse Alfa-Gesicht hat, eben die echte. Als sie jung
war, die von Pininfarina ebenso frech wie fesch, ebenso fröhlich
wie übermütig und oben ganz ohne eingekleidete Giulietta, also so
um 1960 herum, begab ich mich mehrmals im Jahr an die italienische Riviera, um dort auf Kaffeehaus-Stühlchen unter bunten
Markisen zu träumen.

Ich schlief in mitgebrachten Wohnwagen, fuhr mit selbst aufge-
blasenen Schiffen aufs Meer hinaus und aß mit Vorliebe Spaghetti
à la Bolognese – des Geschmacks und der Kosten wegen.

Damals jubelte sie über die Promenaden, strich die Küstenstraße
entlang, parkte unter Palmen und transportierte übermütige Pär-
chen in stimmungsvolle Lokale, die noch nicht Diskothek hießen,
sondern »Luna verde« oder so ähnlich, und in denen noch melodisch gesungen und nicht frenetisch gebrüllt wurde.

Auch die Giulietta sang melodisch, zum einen mit dem Motor,
zum anderen mit den Reifen auf heißem Asphalt und zum dritten
mit ihrer Fanfare, die ein fröhliches Liedchen pfiff, wenn man den

Ob mit oder ohne
Dach – das sport-
liche Flair verführt
ihn und sie.

Wer sagt denn, Palmen stünden ihm besser? Auch auf dem Wolfegger Schlossplatz eine Hingucke.

Hupknopf niederdrückte. Dieses alles klang so intensiv nach Lebensfreude, dass man in einem Rausch geriet: Das ist das Leben, und die Zukunft wird wunderbar sein.

Die goldenen Jahre währten von der Mitte der fünfziger bis zur Mitte der sechziger Jahre. Es gab also goldene Fünfziger und goldene Sechziger, aber zusammen machten sie nur ein Jahrzehnt aus. Wir glaubten damals noch an Wunder und brachten es fertig, uns aus dem Stand heraus urplötzlich himmelhochjauchzend zu freuen.

Die Giulietta von Alfa Romeo war als Spider ein echtes Kind dieser Zeit. Arglos und verspielt und hingebungsvoll damit beschäftigt, Freude zu verbreiten.

Wenn ich ihr nachblickte, musste ich lächeln, und wenn sie vor mir stand, bekam ich Herzklopfen – sie war ein Ding zum Verlieben.

Aber sie blieb für die meisten von uns ein Traumwagen, denn sie kostete knapp 1000 Mark mehr als ein großer Sechszylinder wie der Opel Kapitän, den damals die Bosse fuhren. Man verdiente 500 bis 700 Mark.

Damit Sie das richtig sehen: Damals baute BMW noch immer die Isetta, Lloyd den Alexander, Fiat den Neckar, Ford brachte gerade die »Badewanne« heraus, und der VW-Standard hatte noch Seilzugbremsen. Das war 1961. Wenn man damals einen Groschen in die Musikbox am Stand neben der Cafeteria steckte, erklangen solche Lieder wie »ciao, ciao Bambina« und »zwei kleine Italiener«, aber auch »ein Schiff wird kommen«.

Mein Museum hat drei Tore, und an jedem steht sprungbereit ein offener Zweisitzer. Es ist ein ungemein beruhigendes Gefühl. Vor allem, wenn man die Autos betrachtet, die gerade neu auf den Markt gekommen sind. Welches von diesen man sammeln soll, wurde ich kürzlich wieder gefragt. Welches von den neuen?

Mein lieber Freund, da kann ich nur die Arme spreizen, die Schultern anheben und den Kopf einziehen und in dieser Stellung minutenlang verharren.

Sammeln Sie im Zweifelsfall lieber Strapse, an denen irgendein persönliches Erlebnis hängt.

Daten & Fakten

Alfa Romeo Giulietta Spider, 1290 ccm Hubraum, 4 Zylinder, 80 PS, 165 km/h. Der bis dahin erfolgreichsten Zweisitzer von Alfa Romeo wurde ab 1955 in 17207 Exemplaren verkauft. 1956 kam der Giulietta Spider Veloce auf den Markt. Dessen Motor war mit zwei Weber-Doppelvergasern ausgestattet. Die Leistung stieg auf 90 PS. 1962 legte der Alfa Spider seinen Mädchennamen Giulietta ab und wurde zur reiferen Giulia. Der Motor hatte nunmehr 1570 ccm und brachte es auf 92 PS.

In meiner Mottenkiste ist was los –
da liegen hübsche Mädchen zwischen Rallye-Fahrern,
und auf den Prospekten von vergang'nen Jahren
liegt eine Ansichtskarte aus Davos.

In meiner Mottenkiste gibt es keine Motte,
es sei denn, dass wir Susi Schindler meinen,
die mir versprach, dereinst um mich zu weinen,
ich hinterging sie aber mit Charlotte.

In meiner Mottenkiste liegt der allererste DKW.
Er liegt ganz unten und ist selbst nur eine Kiste,
hat Knüppellenkung (!) und schaffte 60 auf der Piste
und hieß nach Slaby/Behringer »SB«.

In meiner Mottenkiste welken alte Manuskripte.
Ich schrieb sie damals heimlich in der Pause;
In ihnen siegt auf Dürkopp ein Herr Krause,
der dann bei 70 aus der Heuberg-Kurve kippte.

In meiner Mottenkiste kann man Quellenforschung treiben.
Da liegt ein kleiner roter Hüpfer auf Marlenes Knie
– das sie im blauen Engel zeigte – ein MG,
auf Ende Zwanzig, Anfang Dreißig wohl zu schreiben.

Man sieht ganz deutlich seinen Ledergurt
und seine kühn geschwung'ne Gastrompete,
der schmetternd die verbrannte Kraft entwehte –
mit blauer Flamme, insbesondere beim Spurt.

In meiner Mottenkiste liegt ein Bild von Neunundzwanzig
mit Gerhard Macher, Gustav Menz und einem DKW,
der durchhielt. Start in Königsberg bei Eis und Schnee
und dann bis Monte Carlo – über Danzig.

In Monte steh'n sie vor dem Fotografen.
Ein Monegasse kommt ganz hinten mit aufs Bild,
vorn hängt ein riesengroßes Rallye-Schild –
die beiden wirken nicht ganz ausgeschlafen.

In meiner Mottenkiste wird auch offenbar,
dass Kompaktwagen alte Hüte sind. Die stehbequeme
Stadtkabine, kurz und ohne Parkprobleme
Um die Jahrhundertwende schon erfunden war.

In meiner Mottenkiste steh'n am Avus-Start
auf starren Achsen blattgefederte Boliden
– von NSU – dem einen ist ein Sieg beschieden.
Und Vater Glöckler, vorne links, blickt eisenhart.

Ein alter Ford ist da, das A-Modell
Von Dreißig/Einunddreißig, offen und robust.
Vier Türen, Ledersitze, formbewusst,
weil ohne Käsekuchen und streng funktionell.

In meiner Mottenkiste findet sich noch mehr.
Ich greife ab und zu hinein, um froh zu bleiben.
Da liegt das Gestern drin in kleinen Scheiben,
von Susi Schindler bis zum Achtzylinder-Röhr.

Da liegt so mancherlei Verrücktes drin:
ein welkes Veilchen, das mir Emma schenkte,
ein Einspurauto, das man mit ‚ner Stange lenkte –
und nicht zuletzt auch noch ein tief'rer Sinn:

Die waren damals noch, die Vorgenannten,
die Mädchen, Autos, Fahrer und die Stars,
die waren noch erfrischend, nicht so abgestanden –
die waren hausgemacht. Genau das war's …

Fritz B. Busch 1963

Richtig vornehm – eben ein Mercedes

Nicht von ungefähr bezeichnete man damals die offenen Viersitzer als »Tourenwagen«. Sie waren zum Reisen wie geschaffen, und für die Passagiere, die das Fernweh lockte, waren sie Aussichtswagen.

Über den Automobil-Salon in Kopenhagen, der Ende Februar 1929 abgehalten wurde, lesen wir unter anderem dieses: »Das Unter-türkheimer Werk bringt erstmalig einen Nebentyp des Modells Stuttgart heraus, und zwar den auf 2,6 Liter vergrößerten Sechs-zylinder, der im Aufbau vollkommen dem Zweiliter entspricht«.

Das war eine gute Nachricht für die Mercedes-Freunde. Sie reagierten froh bewegt, denn der Typ Stuttgart war der kleine Mer-cedes, aber den meisten war der Zweiliter-Motor mit seinen 38 PS doch etwas zu klein geraten. Kein Geringerer als Ferdinand Porsche hatte ihn konstruiert, so klein nicht aus eigenem Triebe, sondern auf Wunsch des Hauses. Ein kleiner Mercedes hatte gefehlt.

Und nun – Porsche war inzwischen gegangen – stockte man ihn auf, aber eben nur unter der Haube. Denn alles andere war groß genug, es fehlte nicht an Raum, nicht an Radstand und Spurweite, nicht an hochwertiger Technik. Für damalige Begriffe war der klei-ne Mercedes ein großer Wagen, denn klein im wahren Sinne waren Autos wie der 20 PS Opel, der vom Preis und den Verkaufszahlen her als Volkswagen fungierte.

Der Mercedes Stuttgart 260, den man auch den 10/50er nannte, weil damals die Kombination von Steuer- und Leistungs-PS alles über die Größenordnung eines Automobils aussagte, war nun abso-lut salonfähig.

Wer ahnte zu Beginn des Jahres 1929 denn schon, dass es das letzte »goldene« Jahr sein würde. Noch warf die bevorstehende Weltwirtschaftskrise keine Schatten. Für einen 10/50er aus gutem Hause schien es einen großen Markt zu geben. Angesichts des offe-nen Tourers, der uns damals am besten gefiel, sagte mein Vater: »Der wird unser nächster!« Ich freute mich darauf, aber es wurde nichts daraus.

Erst mehr als vier Jahrzehnte später, im Jahr 1973, ging der Traum in Erfüllung. Da stand er endlich vor meiner Haustür, der offene Viersitzer und Viertürer mit seinen dicken Lederpolstern und seinen kräftigen Holzspeichenrädern, vorne auf dem vernickelten Kühler der Stern, den ich alsbald durch ein Kühlwasser-Thermometer ersetzte – der Bergfahrten wegen. Denn wir wollten bald los.

So stellte man sich in den 20er Jahren den idealen Reisewagen vor.

Wir starten am frühen Morgen, so gegen fünf Uhr. Das ist für Offenfahrer die richtige Zeit. Der Tau hat sich herabgesenkt. Nun sieht die Welt aus wie frisch gewaschen, und sie riecht auch so. Die Luft ist wie Champagner. Das ist genau die Luft, die Vergasermotoren beflügelt, die sie weich und kraftvoll arbeiten lässt wie die Luft nach einem Gewitterregen, der den Staub aus ihr herausgewaschen hat.

Ich öffne den Benzinhahn unten am Falltank. Dann betätige ich fünfmal den Stößel der Atmos-Anlage links neben der Lenksäule. Sie spritzt Benzin in die Ansaugkanäle. Dann rücke ich den Starthilfehebel in der Mitte des Lenkrades auf drei Viertel und den ebenfalls da angebrachten Handgashebel auf halb. Nun stecke ich den Schlüssel in den Schlitz und drehe den Zündschalter auf die Eins. Dann kann ich den Starter drücken wie einen Klingelknopf – hallo, ist jemand zu Hause?

Im Nu sind die ersten Pferde zur Stelle. Ein wenig steifbeinig sind sie noch, einige husten, schnauben, dieses poltert und jenes macht einen Hüpfer, aber bald formieren sie sich, bereit zum Aufgalopp. Der Motor läuft rund, wird immer weicher, sechs Zylinder sind eben sechs Zylinder. Und ein Langhuber ist ein Langhuber – geschmeidig, kraftvoll, immer mit der Ruhe, kein bisschen nervös.

Der Wagen lenkt sich erstaunlich leicht. Aber auf sehr schlechter Wegstrecke macht die an Blattfedern aufgehängte starre Vorderachse eigene Lenkbewegungen und versucht, am Lenkrad zu rütteln. Das war damals so.

Der Reservekanister auf dem Trittbrett? Das war damals gang und gäbe.

Die Bremsen kann man nach Anheben der Bodenbretter (vor den Vordersitzen) über griffige Handräder leicht nachstellen, sie

werden über Gestänge, nicht über dehn-
bare Seile, betätigt. Es sind sogenannte
Innenband-Servobremsen, die für den
Verkehr von damals gemacht sind und
die einem im heutigen Kolonnenverkehr
den Schweiß überallhin treiben.

> **Daten & Fakten**
>
> Mercedes Benz, Typ Stuttgart 260, Baujahr
> 1929, 2581 ccm Hubraum, Leistung 50 PS bei
> 3400 U/min, Höchstgeschwindigkeit 90 km/h,
> Verbrauch 17 Liter Normalbenzin auf 100 km,
> Preis 1929: 7420 Mark

   Heute ist es eine Kunst, ihre Wirkung
dem Verkehrsstrom anzupassen. Wer
nie einen solchen Oldie fuhr und aus
einem modernen Automobil spontan auf ihn umsteigt, der mag
eine Gänsehaut kriegen, denn auch das Getriebe will mit Zwischenkuppeln und Zwischengas verwöhnt werden.

   Wir fahren durch bis nach Alassio. Das
kostet mich nicht mehr als ein geschwollenes
Knie am Kupplungsbein. Aber daran ist nur
der dichte Verkehr auf der Küstenstraße schuld.
Am Abend des zweiten Reisetages übernachten wir in einem jener romantischen Pferde-
Motels in der Camargue.

   Da genieße ich dieses Gefühl, das »durch
nichts zu ersetzen« ist, das »nie so wertvoll
war wie heute«, es ist »unmöglich, von ihm
nicht gefesselt zu sein«.

   Draußen im Vollmond unter dem Schleppdach, vor dem offenen Fenster, inmitten der
Geräusche, die von zirpenden Grillen, quaken-
den Fröschen und leise wiehernden Pferden
verursacht werden, steht ein altes, offenes
Auto und wartet darauf, dass ich es morgen
früh weiter lenke gen Süden – ein Auto von
damals, das mir die schönsten Empfindungen
beschert, ein Reisewagen, von dem ich als
Knabe träumte, als man noch sehr neugierig
war auf die Welt jenseits unserer Straße. Ein
Sechszylinder!

   Er war einige Jahre lang unser Reisewagen.
Nie ließ er uns im Stich. So lässt sich die
Welt auch heute noch erleben. Es kommt nur
darauf an, mit was man fährt – und wie.

Geschaffen für
die Unsterblichkeit

Der Mercedes SSK – ein Siegertyp
mit markanten Gesichtszügen, küh-
ner Nase, klarem Blick aus großen
Augen, ein Hans Albers in Stahl,
ein Draufgänger wie er – und nicht
minder durstig. Es war schon immer
mein Jugendtraum, hinter solch einem Lenkrad zu sitzen.

Mein SSK sollte nie so tun, als wäre er ein Original-SSK. Das wäre
erstens unanständig und zweitens unnötig: Er ist selbst ein Original, Stück für Stück seinem Vorbild nachempfunden, weil ich ein
Automobil dieser Art und dieses Zuschnitts fahren will. Eins, wie es
längst nicht mehr gebaut wird und das vollkommene Gegenteil
dessen darstellt, was heute wie ein Stück Seife aus dem Windkanal
flutscht.

Nichts gegen Seife: Dass dieser Wagen, mein SSK, dank seiner
zeitgemäßen Technik – Mercedes-Sechszylinder mit 2,5 Liter Hub-

raum, Mercedes-Vorderradaufhängungen, sogar ABS – im heutigen Verkehrsgeschehen nicht deplaziert wirkt, beruhigt mich ungemein. Und dass ich beim Fahren möglichst exzessiv im Freien sitze, kann mir schließlich niemand verübeln …

Der Mercedes SSK hat es verdient, gekonnt kopiert zu werden – weil ihn sich die meisten derer, die ihn vergöttern, nicht leisten können. Und selbst wenn – woher sollten sie ihn nehmen? Schon damals, als sie noch in Stuttgart-Untertürkheim mit schwäbischer Handwerkskunst sorgsam zusammengesetzt wurden – der alte Karl Benz lebte da noch – waren sie unbezahlbar und rar. Von allen Kompressor-S-Modellen zusammen wurden 374 Stück gebaut.

Das sind genau 373 mehr als von meinem SSK.

Ganz aus Edelstahl entstand dieser grandiose Nachbau des SSK.

Daten & Fakten

Replika des Mercedes SSK von 1929 – ein Nachbau ganz aus Edelstahl mit der neueren Mercedes-Technik der 70er Jahre ausgerüstet.
2,5 Liter Hubraum, 6 Zylinder, 130 PS, 200 km/h

Das geht nur im Mercedes

Es war eine zündende Laudatio, die Fritz B. Busch
am 12. Dezember 2000 vor ausgewählten Gästen im
Mercedes-Benz Museum hielt. Zumindest auszugs-
weise wollen wir Sie Ihnen nicht vorenthalten.

»Man stelle sich vor, der Herr Jellinek in Nizza hätte damals seine Tochter nicht Mercedes, sondern, sagen wir mal, Klothilde genannt. Dann würde Norbert Haug heute die McLaren-Klothilde gegen die Ferrari ins Rennen schicken.«

»Den Stern hat Gottlieb Daimler damals ganz persönlich erfunden. Er hat ihn mal eben so dahingezeichnet, und er schuf damit das beste Firmenlogo aller Zeiten.«

»Der Stern hat magische Kräfte. Wenn man vom Lenkrad aus über die Motorhaube hin auf dieses Symbol blickt, dann vermehren sich beim Manne die Glückshormone schlagartig. Das Wohlbefinden steigt, auch jegliche Nebenwirkungen sind positiv – es sei denn, man fährt gegen einen Baum.«

»Kaiser Wilhelm rief in seiner Neujahrsrede im Jahr 1900 den Untertanen zu: »Der erste Tag des Jahres sieht unsere Armee, das heißt, unser Volk, in Waffen um seine Feldzeichen geschart vor dem Herrn der Heerscharen knien ...« »Das war so seine Art, Prost Neujahr zu sagen. Nun bauen Sie mal unter solchen Vorzeichen jenes Gerät, das zum schönsten Spielzeug des Jahrhunderts werden sollte.«

»Ein Kuriosum zwischendurch: Im näheren Umfeld des Werks konnte sich der Name Mercedes nicht durchsetzen. Gemäß der schwäbischen Leitkultur blieb dieses Auto im Schwabenland bis heute ein Daimler.«

»Im Jahr 1993, als man hier im Hause beschloss, den legendären Regierungs-Sechshundert – jenes Landaulet im Übermaß, in dem sie alle schon mal gesessen hatten, von der Queen bis Kennedy – als man beschloss, dieses geschichtsträchtige Fahrzeug stillzulegen, bekam ich die Erlaubnis, noch ein letztes Mal damit zu spielen. Man stellte mir den Wagen mit Fahrer zur Verfügung. Ich öffnete das Dach und ließ mich, aufrecht im Wagen stehend und leutselig nach allen Seiten winkend, quer durchs Volk fahren. Es

herrschte auch noch Kaiserwetter, und der Erfolg war überwältigend. Die Menge jubelte mir zu, Kinder rannten neben dem Wagen her, eine köstliche Jungfrau bewarf mich mit Blumen, japanische Touristen rissen ihre Kameras hoch, es ertönten Jubelrufe – und die Polizei sperrte für mich die Kreuzung.

Da erkannte ich, was man tun müsste, um die nächste Wahl zu gewinnen. Man fährt solchermaßen durchs Land und verspricht der Menge die völlige Abschaffung der Mineralöl- und Kraftfahrzeugsteuer und die Beseitigung jeglicher Tempolimits, vielleicht noch die Abschaffung des Sturzhelmzwangs für Mopedfahrer – und am Wahlausgang ist nicht mehr zu zweifeln. Man gewinnt. Das geht aber nur in einem Mercedes.«

Der Stern auf dem Kühler – zeitlose Faszination.

Ein Traum in Washington Blue

*Ich bin ihm verfallen, seit ich ihn so um 1930 herum auf
dem Weg von der Schule nach Hause vor dem Gasthof Feldschlösschen stehen sah. Den Ford-Zweisitzer, genannt
Roadster de luxe. Damals standen in der kleinen Stadt im
Thüringer Wald nur selten Autos herum. Und damals sagte
man weder »wow« noch »geil«, sondern ganz einfach »Mannomann!« Ich rief es mehrfach aus und vergaß ihn nie.*

Und kaufte mir vierzig Jahre später einen A als Limousine in Maus-
grau. Stieg ein und fuhr mit ihm ohne Probleme bis hinunter nach
Sorrent. Er verbrauchte auf 100 km voll besetzt und mit Koffern auf
dem Dach 14 Liter Normalbenzin und ich zwei Espresso. Es war
eine meiner schönsten Oldtimer-Reisen.

Aber der Traum blieb, der vom Roadster de luxe in Washington
Blue. In den Staaten sah ich dann mal einen fahren, fünfzig Jahre
nach dem Feldschlösschen, einen einzigen in Washington Blue mit
Weißwandreifen um die gelben Speichenräder. Mannomann!

Es vergingen nochmals Jahre um Jahre, und ich hatte sie mir
inzwischen alle gegönnt, diese hartnäckigen Träume, die einen
Sammler um den Schlaf bringen. Fragen Sie nicht, welche. Sie stehen alle in meiner Spielkiste, wie ich mein Museum nenne. Bis auf
einen.

Aber dann kam der Tag, an dem mich meine kleine Familie
fragte, was ich mir denn zum Geburtstag wünsche, in zwei Jahren
zum Achtzigsten. Man müsse das schließlich von langer Hand vor-
bereiten. Sie behaupten, ich hätte da einen langen Seufzer von mir
gegeben und gehaucht: »Einen A-Roadster de luxe in Washington
Blue!« So entstehen Legenden.

Weiß der Himmel, was ich wirklich gesagt habe. Vielleicht »einen
Laptop« oder »eine neue Campingliege« oder »ein Hörgerät« oder
ähnliche Dinge ohne besonderen Reiz. Aber sie wussten es besser,
denn sie hatten über Jahre hin meine Schwärmerei erduldet, die
vom – na, Sie wissen schon. Und dann kam die Gelegenheit ganz
unerwartet und zu früh für den Achtzigsten.

Noch vor dem Neunundsiebzigsten – aber man konnte sie unmöglich verstreichen lassen. Es gab ihn, genau ihn, er war zu haben

im Traumzustand Eins. Und natürlich in Washington Blue. »Ihr habt noch zwei Jahre Zeit zum Sparen, aber ich nehme ihn jetzt.«

Pfeif auf das Hörgerät, ich kriege noch immer alles mit, zumal solche Sachen. Happy Dingsda. Nun habe ich ihn. Siebzig Jahre nach dem Feldschlösschen. Man muss nur warten können.

Ich mag nun mal Automobile, die weder Gurte noch Airbags haben, weder Knautschzone noch ABS und ESP und all diese Buchstabenkombinationen, die man aus dem Alphabet machen kann. Es werden stündlich mehr. Aber ich habe ein funktionsfähiges Gehirn, und das genügt. Und nun fahre ich ihn täglich.

Es ist ganz leicht: Man öffnet den Benzinhahn, stellt den Hebel für die Zündung ganz nach oben, den für das Handgas ein klein wenig nach unten, dann dreht man den Zündschlüssel um, zieht den Choke und tritt auf den Starter. Ein paar Umdrehungen, und schon ertönt der erste Blupp, und rein mit dem Choke und mit dem Handgashebel und dem Hebel für Zündung (fünf Zentimeter Weg von spät auf früh) den Rundlauf regulieren. Fertig. So einfach ist das und irre befriedigend. Die Kurbel braucht man nicht mehr, das ist ein Gerücht.

Das ist er – der Traum in Washington Blue, Inbegriff eines Roadsters jener Jahre.

Dann nur noch dieses: Ein paar Meter Land gewinnen mit dem Ersten oder auch gleich den Zweiten, und dann rein in den Dritten, dem »großen Gang« und ab durch die Mitte. Er macht nun alles, was unterwegs so anfällt bis runter zur Schrittgeschwindigkeit und rauf bis Neunzig. Man kann im Dritten bis nach Sorrent fahren. Der Hubraum ersetzt die Getriebeautomatik vollkommen. So hat es Old Henry auch gemeint, als er sich mit 40 PS aus vier Maßkrügen zufrieden gab.

Er war wie mein Großvater, von dem ich schon früh lernte, das »Genug« besser sei als »Zuviel«. Heute beten sie das »Zuviel« an,

Reinsetzen, Gas geben und die Gegend erleben – was gibt es Schöneres.

wohin man auch blickt, bald sind zwölf Zylinder Standard, nach Wolfsburg, Stuttgart oder München oder auch nur im Fernsehen. Schon das Einstiegsgetöse in die Abendnachrichten demoliert einem das Trommelfell. Es klingt, als sollten die Olympischen Spiele eröffnet werden. Alle hauen auf die Pauke.

> ### Daten & Fakten
> Typ Ford A Roadster, Baujahr 1929, 3,3 Liter Hubraum, 4 Zylinder, 40 PS, 90 km/h Höchstgeschwindigkeit.
> Um 1930 das meistgebaute Automodell der Welt – wie sein Vorgänger, das legendäre T-Modell.

Mein Ford röchelt nur leise. Es ist ein wunderbares Geräusch. Er braucht nur sieben Liter Normal auf

hundert Kilometer. Wie das, braucht er nicht vierzehn? Nur theoretisch, mein Freund, aber weil ich nur noch die halben Strecken fahre und jede zweite unnütze Tour ausfallen lasse, sind es nur sieben. So einfach ist das. Und das geht auch mit Autos von heute.

Aber meine »halben Strecken« machen viel mehr Spaß, denn Unterwegssein ist alles. Das Ziel ist unwichtig. Manchmal lege ich die Windschutzscheibe nach vorne um und lasse mich vom Fahrtwind ohrfeigen. So wie es der Notarzt macht bei Wiederbelebungsversuchen. Es wirkt.

»Du siehst verdächtig gut aus«, sagt meine Frau. Dabei hält sie den Kopf leicht schief und kneift die Augen zusammen wie immer, wenn sie mir misstraut. Es ist aber nur der Ford, der A-Roadster de luxe in Washington Blue. Bei meinem Augenlicht!

Neulich fragte mich ein Tankwart: »Hatten Sie nicht mal einen Jaguar E Type?«

»Ach ja«, erinnerte ich mich, »das schon. Aber der steht nur noch rum.«

Sammler haben 'ne Meise, merken Sie sich das!

Restaurierung und Wiederauferstehung

Keiner kennt AGA. Die Marke ist so gut wie vergessen. Die Spalten der Kleinanzeigen in den Fachblättern beginnen mit Abarth, AC Cobra und Aero, einen AGA findet man nicht. Und es sucht ihn auch keiner.

Welch ein Unrecht! Denn es sind mehr AGA gebaut worden als Automobile so mancher Marke, die wir im Munde führen und auf Händen tragen. Bestimmt 15 000, vielleicht sogar 20 000. In meiner Jugend habe ich so manche AGA fahren sehen. Deshalb war AGA für mich zu keiner Zeit verwechselungsfähig mit einem Brühwürfel oder einem Scheuermittel. AGA war für mich immer ein Automobil.

Im Berlin der 20er Jahre wimmelte es nur so von AGA-Taxen. Im Jahr 1922 sollen monatlich mehrere 100, angepeilt waren 1000, das Werk in Berlin-Lichtenberg verlassen haben. Hugo Stinnes stand dahinter.

Die Werbung sagte über den AGA-Wagen: »Ein Riese in der Leistung – ein Zwerg im Verbrauch«. Und weiter: »Spitzkühler. Rassige Form. Glänzender Bergsteiger. Serienherstellung. 80 km/h Geschwindigkeit, Brennstoffverbrauch 8 Liter. Ölverbrauch 1/4 Liter für 100 km. Erstklassige Ausführung. Lederpolster. Sofort lieferbar.«

Ein Mühlenbesitzer in Oberfranken fuhr einen, und als er 75 geworden war, setzte er sich hin, um mir einen Brief zu schreiben. Und damit begann es. Es war ein schöner Brief. Wer sagt denn, dass alte Herren keine aufregenden Briefe mehr schreiben können?

Der alte Herr hatte in seinem Schuppen gekramt und war dabei auf etwas gestoßen, das er längst vergessen hatte: auf die Überbleibsel seines AGA, den er in den 20er Jahren gefahren hatte. Als ich die von ihm aufgezählten Teile vor meinem geistigen Auge aneinanderreihte, entdeckte ich, dass beinahe ein ganzer AGA vorhanden war – bis auf den Rahmen. Die Karosserie durfte man vergessen, denn sie war ohnehin nicht bei der AGA gebaut worden. Lindner in Berlin und auch Karmann und Weinsberg haben AGA-Karossen gebaut. Die Werkseinfahrer saßen damals alle auf einer Holzkiste, nicht angeschnallt, aber dick vermummt.

Wer kennt schon AGA? Damals so bekannt wie heute ein VW.

Die Teile aus der alten Mühle lagen bald in einer Ecke meiner Museums-Werkstatt. Nun verstrich die Zeit, denn erstens war kein Rahmen da, und zweitens gab es anderes zu tun. Bis dann eines Tages ein Wunder geschah. Ein Polaroid-Foto traf ein, darauf ein Rahmen, der zum Verkauf stand, der Rahmen eines FIAT 509 aus dem Jahr 1925. Er kam mir so bekannt vor, also griff ich ins Archiv, und siehe da: die Fahrgestellmaße des AGA und des FIAT 509 waren nahezu identisch. Nun hatte ich einen Rahmen, und es gab kein Halten mehr.

Bevor wir alle Teile aus der alten Mühle sauber durchrestaurierten, machten wir einen Probe-Zusammenbau. Bald stand der AGA vor uns, splitternackt, ein prächtiger Anblick, einem Denkmal des Maschinenbaus gleichend. Ich finde es viel amüsanter, ein Automobil dieser alten Standardbauweise zu errichten, als sich mit durchgerosteten Schwellen und einer mürben Bodengruppe herumzuplagen, in deren Hohlräumen es knackt und rieselt.

Der Motor erwies sich als Überraschung. Aus einer abgeschnittenen Konservendose gefüttert, hatte er auf Anhieb die vielversprechendsten Geräusche produziert: geknallt, gebullert, gerülpst und schließlich, nachdem die Zündkabel richtig zugeordnet waren, im ungetrübten Viertakt geschnurrt. Dabei hatte er doch 50 Jahre wie ein Pharao unter einer Pyramide von Trümmern gelegen. Bestimmt war er damals gut einbalsamiert worden.

Zwei Zeitzeugen
vor einer Renn-
szene jener Jahre:
Targa Florio 1921.

Die Oldtimerei ist eben doch Hobby und Hitchcock zugleich -
an Spannung oft noch reicher.

Die äußere Unversehrtheit des Spitzkühlers erregte immer wieder Bewunderung, war der AGA doch auf den ländlichen Straßen
und Wegen der 20er Jahre bewegt worden, über Schlaglöcher und
Schotter stolpernd. Keine Wabe war verletzt. Auch die Pedalerie
(das Gaspedal liegt, wie damals üblich, in der Mitte zwischen
Kupplungs- und Bremspedal) ließ anhand ihres Abnutzungsgrades

auf nicht allzu intensiven Gebrauch des Wagens schließen.

Wie neu geboren stand er endlich wieder im Freien, mit einer Einfahrerkiste auf dem Chassis. Und nun erzeugte der Motor außer seinem an einen brünstigen Büffel erinnernden Geräusch einen solchen Vortrieb, dass uns jeder Zweifel abhanden kam, welche Art von Aufbau wir ihm unbedingt verpassen sollten. Es musste ein Rennsportwagen werden jenes Schlages, wie ihn damals die Privatfahrer benutzten, wenn sie mit einem EGO oder DUX, einem PLUTO, APOLLO oder AGA an den Start gingen. Ich habe sie noch fahren sehen.

Also begannen wir, einen Holzaufbau anzufertigen, der mit Kunstleder bezogen wurde. Es galt auch, die Kotflügel zu bauen und die nicht vorhandene Motorhaube nachzufertigen. Endlich schraubten wir noch Plaketten aus den 20er Jahren vor den Kühler, der von den Original-Lampen flankiert ist, in dessen plane Gläser noch das alte Bosch-Zeichen geätzt ist.

Da steht er nun, springt auch sofort an und prescht los. Ein AGA – oder keiner? Wie der kritische Betrachter auch entscheiden mag, wir haben »ein Auto gebaut«, und das hat uns eine Menge Spaß gemacht.

Daten & Fakten

AGA, zwischen 1919 und 1928 gebaut, 1,4 Liter Vierzylinder Motor, zwischen 16 und 20 PS, Höchstgeschwindigkeit 80 km/h, Verbrauch 8 Liter.

Mein Vogel des Jahres

*Es dauerte ein ganzes Weilchen, bis der deutsche Normal-
verbraucher die Ente, diesen Volkswagen der Franzosen,
zu verstehen begann – denn was der Bauer nicht kennt,
das frisst er nicht.*

Der 2 CV ist ein Kleinwagen mit dem Innenraum einer Taxe, dem
Federungskomfort eines Sechszylinders, der Robustheit eines Trak-
tors und dem Benzinverbrauch einer Isetta. Aber die Leute lachen
nun mal über Dinge, die sie nicht begreifen.

Als Ford wäre sie ein Welt-Auto geworden. Damals hätten Aber-
millionen sie gebraucht. In ihr war Platz für drei Generationen.
Also hat auch Giovanni Agnelli sie verschlafen und ein Mäuschen
geboren. Ich sang ihr ein Loblied und nannte sie den letzten Clochard und hielt sie mir dreimal hintereinander als Zweitwagen bis
hin zum schwarz-roten Charleston. Sie war für mich von Anfang an
ein liebenswerter Oldtimer, erinnerte sie mich doch mit ihrer
Hochbeinigkeit und ihrem Rolldach an die Cabrio-Limousinen der
dreißiger Jahre, die ich so sehr mochte.

Ich fuhr mit ihr gar in den Urlaub nach Italien, und einmal hängte
ich einen richtigen Wohnwagen hinten an, bezwang solchermaßen
Arlberg und Reschenpass und campte froh in Südtirol.

Auch mit der Sahara-Ente, mit dem zweiten Motor im Kofferraum, der für Allradantrieb sorgte, habe ich lustvoll gespielt. Und
was kam dann?

Die Sicherheits-Hysteriker und die Wert-Fetischisten brachten
sie um. Heute erwarten wir selbst im zweieinhalb Meter kurzen
Smartmobil eine respektable Knautschzone als Ausgleich für unsere
total verkümmerten Instinkte.

Der letzte Clochard – ich schlief mit ihr im Geist unter einer
Brücke und blickte jedem Sechszylinder verächtlich nach. Einmal,
als ich wieder mit ihr unter einer Brücke schlief (im Geiste neigen
Entenfahrer häufig dazu), raunte der Clochard mir ins Ohr: »Genug
ist besser als zu viel – merk dir das!« Diese Weisheit ist der Schlüssel zur Zufriedenheit, Freunde, merkt euch das!

Ich machte sie mir schnurstracks zu eigen, stets auf der Suche
nach Erleuchtung, wie ich nun mal bin, eilte nach Hause und sagte

zu meiner Frau: »Morgen fahren wir mit der Ente nach Italien!« Sie stutzte nur einen Wimpernschlag lang, dann begann sie zu packen. Sie holte meine älteste Cordhose aus dem Schrank, etliche verfilzte Pullover und amerikanische Holzfällerhemden, dazu die ausgelatschten Turnschuhe und den Gürtel, den ich aus der Kriegsgefangenschaft mitgebracht hatte. Sich selbst rüstete sie ähnlich aus, ohne verhindern zu können, dass sie noch immer blendend in diesen Klamotten aussah, und dann schlossen wir unseren Sechszylinder gemeinsam, und dabei hinterhältig grinsend, in der Garage ein. Wir fuhren heiteren Gemüts bis Santa Margharita und wurden dabei spürbar jünger. Dann rüber nach Elba, kleine Pension am Meer, alles paletti. Der Clochard schlief draußen unter eine Platane. Eine unvergessliche Reise mit zwei Zylindern.

Die Sahara Ente testete ich in einem für militärische Übungen reservierten Gelände und berichtete wie folgt von diesem Abenteuer:

»Die erste rote Kontrollleuchte erlischt, Frontmotor läuft. Also drehe ich auch den zweiten Zündschlüssel bis zum Anschlag – Heckmotor läuft. Ein Tritt aufs Gaspedal, von vorne bis hinten wird nun angesaugt, verdichtet, gezündet, ausgepufft und gebläsegekühlt, geschnieft und geröchelt. Es ist, als befände man sich im

Kein Scherz: Die Ente vom Typ Sahara hatte einen zweiten Motor im Kofferraum.

Maschinenraum eines Frachtdampfers. Der Rückspiegel ersetzt den Drehzahlmesser. Im Augenblick vibriert er mit dreitausendfünfhundert. Drei, zwei, eins – los! Der Wagen macht einen Satz und beschleunigt lärmend wie eine JU 52, die auf die Schallmauer losgaloppiert. Es muss eine Wonne sein, sie zu durchbrechen, um jenseits von ihr Ruhe zu haben.

Ich werde wie auf einem Wellenkamm vorangespült, umgeben vom Geländer der Kampfklasse 1. Auf vier Plattfüßen, ein jeder wie vorgeschrieben mit 0,7 atü gefüllt, bricht das feldgraue Gehäuse durchs Unterholz und ist nicht aufzuhalten. Nach wenigen Minuten ist Höhe 304 genommen. Anhalten, ungläubig, staunend zurückblicken. Die Motoren kauen, nein käuen, brummend wieder. Die Flanken beben. Welches Tier reite ich, ein Kamel?«

So war das mit dem Sahara. Ich habe seine Heckklappe durch eine Plexiglasscheibe ersetzt, damit meine Museumsbesucher mir glauben. Das Ding hat tatsächlich zwei Motoren

Leider ist die Enten-Population auf unseren zu Renn- und Staustrecken mutierten Straßen so gut wie ausgestorben. Das war abzusehen, und deshalb horte Ich in meiner »Spielkiste« (lauter 1 : 1 Modelle) drei Enten: eine Charleston, eine 2CV 6 und eben jene mit den zwei Motoren. Wie sonst sollte ich ruhig schlafen können?

Erinnerungen sind eben das einzige Paradies, aus dem man uns nicht vertreiben kann.

Daten & Fakten

Citroen 2 CV, Bauzeit 1949 bis 1990, insges. ca. 4 Mio Exemplare in allen Ausführungen gebaut. Luftgekühlter Zweizylinder-Boxermotor, Hubraum 597 ccm, 29 PS, Höchstgeschwindigkeit 117 km/h, Verbrauch etwa 6,6 l Super.

Die Autos und
die Schlager jener Jahre

Zwischen 1929 und 1931 war die Not groß,
und viele Familien konnten die Miete nicht
mehr bezahlen. Hungern mussten die Arbeitslosen damals auch. Sie wanderten ab »ins Grüne«
am Stadtrand von Berlin. So entstanden die »Laubenkolonien«,
Bretterbuden, Hütten, Zelte. Und dieser Schlager:

> »Wir zahlen keine Miete mehr,
> wir sind im Grünen zuhaus'.
> Wenn unser Nest noch kleiner wär'
> Das macht uns wirklich nichts aus.
> Zwei Meter fünfzig im Quadrat,
> wir haben ja wenig Gepäck –
> Und wenn's hinten nur ein Gärtchen
> hat für Spinat und Kopfsalat,
> dann zieh'n wir da nie wieder weg.

Und dann der sentimentale Schluss. Auch auf dem Friedhof ist man
draußen im Grünen:

> Dann zahlste keine Miete mehr
> Und bist im Grünen zuhaus'.
> Nur hin und wieder kommt mal wer
> Mit einem Blumenstrauß.
> Dein Häuschen ist ja nicht allzu groß,
> du hast ja gar kein Gepäck.
> Und schläfst nun wie in Mutters Schoß –
> Und ziehst da nie wieder weg.

»Whisky pur« oder »Die Flunder«

Als der Jaguar E-Type 1961 auf deutschen Straßen zuge-
lassen wurde, war Fritz B. Busch einer der ersten, der die
»geschrubbte Flunder« reiten durfte. Seine Geschichte
darüber in auto motor und sport, Heft 24/1961 nennt man
bis heute »legendär«. Sie ist deshalb an dieser Stelle fast in
voller Länge wiedergegeben. Nur das letzte Drittel fiel aus
Platzgründen dem Rotstift zum Opfer.

In voller Länge ist sie – neben vielen anderen unnachahm-
lichen Stories – in Buschs Geschichtenbuch »Einer hupt
immer« nachzulesen.

Unter dem Kapitel »Pflege« wird in der Betriebsanleitung darauf
hingewiesen, daß die Teppiche gebürstet, aber auch mit dem
Staubsauger gereinigt werden können. Und im Prospekt steht
schlicht: »Ein idealer Wagen fur Sport und Reise«.

Ein Satz, so abgestanden wie das Öl in der Motorwanne eines
stillgelegten Vorkriegswagens.

Blättert man in der Betriebsanleitung, so findet man eine Anwei-
sung über »das Ölen mit dem Kännchen« – darin sind zehn Teile
aufgeführt, die man alle 8000 Kilometer mit dem Kännchen ölen
sollte.

Einfach niedlich, nicht? Und wenn man dann noch liest, dass er
bei 80 km/h nur mit 2200/min dreht, dann möchte man am liebsten
die schnelle Sportmütze zu Hause lassen. Schauen wir nun mal
nach, welche Reifendrücke er braucht, denn es macht einen alber-
nen Eindruck, wenn man dieserhalb erst an der Tankstelle zu blättern beginnt. Da haben wir ihn: »Reifendruck: Für normale Fahr-
geschwindigkeiten bis 210 km/h vorn 1,6 und hinten 1,75 atü. Ein
Druckfehler ist das nicht.

Ich klappe das Heft zu und entschließe mich für »normale Fahr-
geschwindigkeit bis 210«. Was die Reifen haben müssen, wenn
man mal schnell fahren möchte, das will ich gar nicht wissen. Ich
bin verheiratet, habe ein Kind und allerlei Zukunftspläne …

Ich gehe erst mal um das Auto rum. Das dauert seine Zeit, denn
es ist ein langer Weg. Das Auto ist genau 1753/8 Inches lang und

keinen Inch kürzer. Dabei geht die halbe Incherei für den Motor drauf; es ist ein Motor mit zwei Notsitzen.

Und das Auto ist offen, denn es steht vor meiner Tür. Wir haben schon Ende Oktober, aber ich singe Ram-ta-ta-tam, das ist meine

Lieblingsmelodie. Das Auto ist silbergrau und hat rote Lederpolster und natürlich Speichenräder. Die Lollo könnte zwei Fuß neben ihm im Bikini auf dem Zaun sitzen, ich würde sie nicht bemerken.

Das Lenkrad ist aus Holz, und die breiten Speichen sind mehrfach durchbohrt. Es sieht aus, als hätte einer Fünfmarkstücke rausgestanzt und Groschen und Pfennige. Hinter solchen Lenkrädern sitzt

Der Jaguar E Type ist die Augenweide schlechthin.

man nicht alle Tage, sie fühlen sich an wie ein Maimorgen am Lago Maggiore.

Am Ende des Autos ist eine Klappe. Wenn man sie aufmacht, geschieht noch weniger, als wenn man etwa eine Keksdose öffnet. Unter diesem Deckel hat ein Koffer erst dann Platz, nachdem man ihn durch eine Dampfmangel gedreht hat. Aber Castrol-Dosen gehen rein, genug, um das Auto für die Reise zu benutzen. Und sie sind auch drin, zehn handliche Literdosen und ein Fünf-Liter-Kanister. Das ist beruhigend.

Dieses Exemplar ist eine sogenannte »geschrubbte Flunder«. Eine solche entsteht, wenn man seinen Jaguar dreißigtausend Kilometer lang an Hinz und Kunz verpumpt. Hinz und Kunz waren in diesem Fall Händler, Kunden und Tester. Aus der Reihenfolge dieser Aufzählung wollen Sie bitte eine panische Steigerung der Gefahren entnehmen, denen das Auto bereits ausgesetzt war.

Ich hätte auch eine frische Flunder kriegen können – aber ich brauchte eine für Männer, die Pfeife rauchen. So griff ich freudig zu der geschrubbten.

Sie roch abenteuerlich.

Nicht nach Flunder, sondern nach Ölsardine, denn sie verbrauchte im Stand einen halben Liter Castrol pro Nacht (im Winter mehr, weil die Nächte dann länger sind).

Ich öffne also erst mal die Haube. Das ist ganz einfach: Man angelt sich aus dem Cockpit einen kräftigen Vierkantschlüssel (er ist am Kardantunnel aufgehängt) und steckt ihn in ein passendes Loch

an der rechten oder linken Wagenseite. Dann dreht man ihn um und begibt sich auf die andere Wagenseite, wobei es ziemlich egal ist, ob man den Weg hinten oder vorn rum wählt – man spart im Höchstfalle zwei Minuten.

Dann steckt man den Vierkant drüben in das Loch und dreht ihn abermals rum. Nun hebt man das Auto kräftig an. Das, was stehen bleibt, ist das Chassis, was hochgeht, ist die Karosserie. Wenn beides hochkommt, haben Sie einen Fehler gemacht. Sie

müssen nämlich erst noch eine Zunge lösen, die in der Mitte vor der Windschutzscheibe am Haubenrand auftaucht. Wenn die Haube dann offen ist (es ist eigentlich gar keine, sondern das halbe Auto), dann muß Ihr Anzug zur Reinigung. Die Zunge erreichen Sie nämlich nur durch eine innige Vermählung Ihres Körpers mit der Karosserie.

Sollten Sie mit diesem Auto einmal ernstlich an einem Wettbewerb teilnehmen, und Sie müssen mittendrin mal unter die Haube, dann ist – wenn Sie sie wieder geschlossen haben – das Rennen bereits gelaufen.

Jetzt ist sie erst mal offen, und ich werde für meine Mühe fürstlich belohnt. Das Auto hat Striptease gemacht, es hat fast nichts mehr an, und seine edelsten Teile liegen einladend vor mir. Die Spucke gerinnt in den Adern.

Hauteng muß die Haube über den Motor geschneidert sein, denn ich bezweifle nun, daß ich den Deckel je wieder zukriege. Der Motor quillt mir förmlich entgegen, die Ansaugluft wird in einem Gehäuse von der natürlichen Größe eines Marmeladeneimers gefiltert. Alles ist von gewaltigen Dimensionen, man könnte einen Lastzug damit bewegen. Vor meinen Augen scharren 265 ungeduldige SAE-Pferde im Ölsumpf, und ein Drehmoment von 36 mkg fletscht förmlich die Zähne.

Daß ich mir aber auch immer solche Sachen einbrocken muß! Meine Hand, die nach dem Ölstab greift, vibriert verhalten.

Ich verspreche ihr, heute nicht über »normale Geschwindigkeit bis 210« hinauszugehen. Dann kippe ich Öl nach und mache ein harmloses Gesicht dabei, denn es haben sich bereits Leute eingefunden. In dieser Gegend findet man noch nicht allzu viele Fernsehantennen, und die Leute sind für Dinge, die sich wirklich abspielen, noch empfänglich und dankbar.

Kinder lesen den Tacho ab und verkünden in jenem Tonfall, in dem man früher an Kaisers Geburtstag zu jubeln pflegte, dass er bis zweihundertsechzig geht. Der Herr mit der randlosen Brille, der den Jubel auf »hundertsechzig« zu berichtigen versucht, setzt sich nicht durch, ein Knabe mit hochrotem Kopf belehrt ihn brüllend eines Besseren.

Es wird nun offensichtlich, dass das Publikum einiges von mir erwartet. Meine Handflächen beschlagen, ich greife zu den alten Fahrerhandschuhen, aus denen sich notfalls ein mittlerer Ölwech-

sel herauswringen ließe, und streife sie über. Dann lasse ich die
Karosserie wieder auf das Fahrgestell herab und mache mich mit
dem Vierkantschlüssel auf den Weg.

AUTOMOBILMUSEUM

Ich habe das Gefühl, dass mir der Herr mit der randlosen Brille
eine Lebensversicherung andrehen will, aber die Jungen boxen ihn
stets wieder in die hinteren Reihen. Die besten Plätze sind hoff-
nungslos vergriffen. Ich möchte am liebsten wieder reingehen,
mich auf den Balkon setzen und ein paar Kekse knabbern, aber ich
darf jetzt nicht kneifen. Die Bengels würden es meiner Tochter
erzählen …

»Paß auf beim Anfahren!« rede ich mir ins Gewissen. »Der
wischt dir hinten weg wie der Schwanz eines wütenden Alli-
gators!« Es gibt Autos, die schleudern im Stand, so wie es Pferde
gibt, die vor lauter Ungeduld vorne hochgehen. Das hat ein Pferd
einmal mit mir gemacht – aber niemand redet da von Sicherheits-
gurten …

»Das ist ne Bombe!« sagt ein Junge, der beim Rollerfahren
immer durch die Zähne heult wie ein 250er Goggomobil. Ich sage:

In Männerträumen
taucht er immer
wieder auf.

»Ja, man kann die Teppiche sogar mit der Bürste absaugen.« Ich glaube, meine Nerven schleifen bereits an der Bordsteinkante. Wenn ich mal ein Rennen fahre, dann muß das unter Ausschluß der Öffentlichkeit stattfinden – oder ich sinke bereits vom Startschuß getroffen zusammen. Ruft mich denn niemand ans Telefon?

Wenn ich jetzt ein Kännchen hätte, ich würde alles ölen, was ein Loch hat, und die Menge würde sich dann womöglich zerstreuen. Aber ich habe kein Kännchen.

Was ich plötzlich in der Hand halte, das ist der Zündschlüssel, ich werfe ihn hoch, aber er kommt prompt zurück. Das mag nun ausgesehen haben, als ob Eddie Constantin die Pistole noch einmal um den Zeigefinger wirbelt, ehe er abdrückt. Und genau das hatte ich nicht gewollt.

Durch die Leute geht jenes unvermittelte Schweigen, wie man es vom Theater her kennt, wenn das Licht verlischt und der Vorhang zu zittern beginnt. Ich kann es dem Vorhang nachfühlen …

Die Detonation, die von den Leuten beim Druck auf den Starterknopf mit verstopften Ohren erwartet wurde, bleibt aus. Der Motor dreht ganz brav mit 650 – aber auch das Pferd hat mich damals mit der einschläfernden Naivität eines alten Ohrensessels angeguckt, ehe es vorne hochging. Ich trete vorsichtshalber mal kurz drauf, und die Leute flüchten spontan hinter die Strohballen. Das stärkt mein Selbstbewusstsein erheblich.

Gang rein und ab! Ich blicke über eine lange, silbrig glänzende Schnauze auf den schwarzen Asphalt und habe beim ersten zornigen Aufwiehern der Pferde die geschrubbte Flunder im Blut. Wenn jetzt noch jemand zittert, dann kann es nur einer aus dem Publikum sein.

Der E beginnt, die Straße aufzufressen, und es erweist sich wieder einmal als segensreich, dass ich meine Wohnung mit Bedacht gewählt habe. Am Ende des ersten Ganges hört nämlich auch der Ort auf, ich gehe in den zweiten, der sich ein wenig sträubt, und nehme die ersten Kurven mit neunzig, um dann in den dritten zu gehen, der bis hundertachtzig gut sein soll. Nach sieben Kilometern bin ich bereits auf der Autobahn und endlich im vierten. Er revanchiert sich schlagartig mit 160 bei 4200.

Ho-lah! Erst mal langsam kommen lassen, das Fahrgefühl abtasten, bremsen, beschleunigen, ein paar Lenkausschläge. Oh, es ist ein Gefühl!

Der Wagen ist an meinem Hosenboden angenietet, so fest wie ich sitze, liegt er. Ich fahre nicht Auto, sondern mein Hintern hat Räder. Ich denke, und das Auto handelt so, als wäre das Auto meine Beine. Diesen Satz müssen Sie notfalls noch mal lesen. Verzeihen Sie mir diesen Stil, aber ich habe nur ihn. Nun fahre ich mit »normaler Geschwindigkeit«, der Drehzahlmesser zeigt auf fünftausend, die Tachonadel auf hundertneunzig. Bis zweihundertzehn könnte ich ja gehen mit meiner Luft in den Reifen, aber ich begnüge mich mit zweihundert. Es ist nichts!

Man muß nur rechtzeitig den Mützenschild nach hinten drehen, so wie es unsere Väter schon bei siebzig taten. Die Ecken des hochgeschlagenen Kragens versetzen mir fröhliche Ohrfeigen – das ist alles. Nichts sonst.

> ## Daten & Fakten
>
> Der Jaguar E Type wurde von 1961 bis 1975 gebaut. Insgesamt wurden 72 507 Exemplare gebaut. 6-Zylinder Motor, 3781 ccm Hubraum, 269 SAE-PS bei 5500 U/min, Höchstgeschwindigkeit ca. 240 km/h, Verbrauch ca. 15 l auf 100 km/h.

Ich habe nicht das Gefühl, schnell zu sein – ich habe genau dieses Gefühl: Ich wundere mich darüber, dass die anderen heute so langsam fahren. Ein 400er Lloyd, der mit allem, was drin ist, einem fernen Ziel entgegenrobbt, scheint langsam rückwärts zu rollen.

Und der E tut so, als absolviere er einen munteren Tag, mehr nicht. Ich habe die Kurbelfenster oben, das Verdeck unten und die Heizung auf »Volle Kraft voraus!« So genieße ich Ende Oktober eine sommerliche Fahrt.

»Ram-ta-ta-tam« möchte man singen, und man würde es sogar hören, denn der Wagen brüllt nicht, er zersägt die Luft, und nur das ist sein Geräusch.

Immer, wenn man ein Gefühl zum erstenmal hat, ist es am schönsten. Aber es kommt selten vor, denn so viele Gefühle gibt es gar nicht. Nun habe ich auch dieses hinter mir. Es ist das zweitschönste …

»Dieses Auto ist mit einer Flasche Whisky vergleichbar, mit der man einen Mann alleine läßt. Er muß entweder die Größe haben, sich zu beherrschen, sie also nicht hinunterzustürzen – oder die Routine und die Reife, sie wirklich verkraften zu können. Ein Greenhorn söffe sich einen Katzenjammer an.«

Museum 2

Als das Wohnmobil »erfunden« wurde

Halten wir uns an ein authentisches Foto: Es zeigt eine Familie aus Maine auf dem Weg zum Elwood Park in Omaha/Nebraska. Das Foto aus dem Familienalbum wurde am 23. September 1920 geschossen. Aha, also damals schon. Betrachten wir es und studieren die Details.

Feldbett, Klapptisch und Klapphocker sind ebenso vorhanden wie das den Lebensraum erweiternde Vorzelt. Am Heck des Wagens werkelt gerade Grandma an der ausklappbaren Campingküche. Wahrscheinlich gibt es bald Beans and Pork und natürlich Kaffee. Und Opa hat sich schon rasiert. Neben ihm auf der Proviantkiste stehen noch der Pinsel und der zugehörige Seifenbecher. Das bereits aufgespannte Vorzelt zur Linken des Wagens verrät, dass man auf diese Weise am Wald zu übernachten gedenkt, unweit der Straße, aber fernab jeder Siedlung. Wozu sonst die Feldbetten?

Das zweite Foto zeigt eine Campingszene im Yosemite Park, die es sich ebenfalls zu studieren lohnt. Das war damals, als wir hierzulande noch zu Fuß ins Grüne marschierten – mit einem Wanderlied auf den Lippen und einem Fässchen Bier auf der Schubkarre.

Und das Auto? Welch eine Frage! Es ist natürlich ein Ford, fast immer ein Ford. Die Familie aus Maine besaß das Modell T in der Version »Depot Hack«, Baujahr 1919. Wie geschaffen zum Reisen und Wohnen, also zum Leben »draußen«. Das T-Modell konnte ohnehin alles, man musste es nur haben. Und Millionen von Amerikanern konnten es sich leisten.

Am Ende des Jahres 1915 hatte Henry Ford das Gefühl beschlichen, er habe sein Auto im abgelaufenen Jahr zu teuer verkauft. Das raubte ihm den Schlaf, also zahlte er jedem der mehr als 500 000 Käufer 50 Dollar zurück. »Pardon, Leute – es war ein Versehen«. Diese Geste kostete ihn 25 Millionen Dollar, und niemand hatte ihn dazu gedrängt.

Im Jahr darauf senkte er den Preis von vornherein von 440 auf 360 Dollar. Und er schlief wieder wesentlich besser. Kein Wunder, denn in diesen zwölf Monaten rissen ihm fast 800 000 Käufer die Tin Lizzie aus der Hand, 250 000 mehr als im Jahr zuvor.

Dem guten Henry war es nun mal ein wahres Anliegen, der Menschheit zu helfen, nicht nur, indem er sie motorisierte. Er führte in seinen Werken ganz erstaunliche Sozialleistungen ein. So fragte er eines Tages einen Repor-
ter, was er denn noch für die Not leidende Menschheit tun könne – und erhielt zur Antwort: »Geben Sie ein Dutzend Sprungfedern mehr in den Vordersitz!«

Aber gerade das widersprach seinem Prinzip der auf die Spitze getriebenen Vereinfachung. Was nicht vorhanden ist, kann nicht kaputtgehen, basta. Erst die Konkurrenz zwang Ford, auch das Unnötigste und Überflüssigste einzubauen. So ist das noch heute, weshalb ein winziger Smart knapp soviel wiegt wie ein ganzes T-Modell als offener Tourer.

Und weshalb es mehr Rückrufaktionen gibt und außerplanmäßige Werkstattbesuche als je zuvor. Es geriet in Vergessenheit, dass das hervorstechendste Merkmal einer Konstruktion ihre geniale Vereinfachung sein kann. Oder muss?

Das Foto von der im Depot Hack reisenden Familie ist nun so alt, dass man nicht einmal hoffen darf, die Kleine, die ihre Puppe mit auf die Reise genommen hat, könnte noch leben. Soviel uns auch diese Szene erzählt – wenn wir uns die Zeit nehmen, sie genüsslich zu betrachten, so tritt sie mich doch förmlich in den Hintern: Ich weiß nun, was ich versäumt habe.

Ich hätte vor Jahren schon mit meinem T-Modell oder gar einem Depot Wagon aus den Zwanzigern auf große Fahrt gehen sollen. Genau wie damals, mit Proviantkiste, Feldbett und Vorzelt. Vielleicht sogar nach Omaha/Nebraska oder zum Yosemite.

Oh Mann, wo hattest Du nur deine Gedanken? Nun ist es zu spät, schade. Aber was ist mit Ihnen?

Hochbeinig und breitspurig eroberten sie den Wilden Westen. Ford und Chevrolet.

Daten & Fakten

Ford Modell T: Baujahr 1926, 2,9 l Hubraum, 4 Zylinder, 20 PS, 65 km/h. Er wurde von 1909 – 1927 15 Millionen Mal gebaut und hat Amerika motorisiert.

Italien, wir kommen!

*Es war vor fast fünfzig Jahren. Sie ahnen ja nicht, wie
dünn das Autobahnnetz damals war, wie klein so mancher Zweisitzer und wie groß die Sehnsucht nach dem
Süden. Also kletterten wir alle Drei in den kleinen Zweisitzer, der sogar ein Klappverdeck hatte zum Luftholen,
und bretterten los.*

Wir starteten im Morgengrauen
in Hamburg. Die Autobahn
begann erst kurz vor Hannover, und am späten Abend
waren wir schon kurz vor
München. Wir schlugen unser
Zelt auf und sanken erschöpft,
aber glücklich auf unsere Luft-
matratzen. Wir waren wohl
16 Stunden unterwegs gewesen, obwohl kein einziger Stau
unsren ungebrochenen Vor-
wärtsdrang behindert hatte.

   Die Sitzbank des Kleinen
war nur 115 cm breit. Ich
habe es nachgemessen, der
Wagen steht natürlich in meinem Museum. Links, dicht an
der Wand, saß ich, der Fahrer.
Rechts außen hockte meine
Frau Liane und in der Mitte
Tochter Anka. Sie war neun
Jahre alt und erfreulich dünn.
Zwischen uns hatten wir zwar
eine Kissenrolle geklemmt,
aber eigentlich, saß unsere
Tochter mehr auf meinem
rechten und dem linken Ober-
schenkel meiner Frau. Sie be-

hauptet noch heute, bequem gesessen zu haben, aber mir schläft manchmal noch immer das rechte Bein ein.

Das Wägelchen trug auf seinem Heck, unterstützt durch einen im Zubehörhandel erworbenen Träger, die komplette Camping-ausrüstung. Dazu hatten wir um uns herum und zu unseren Füßen eine erkleckliche Menge notwendiger Gegenstände verstaut. Der Zweisitzer hatte keinen Kofferraum.

Wir bezwangen den sowohl bergauf wie bergab mit Recht berüchtigten Zirler Berg, die Brennerpass-Straße und durchquerten die Dolomiten, vorbei an den drei Zinnen bis Cortina d'Ampezzo. Damals sah die Straßenkarte eben noch ganz anders aus. Man fuhr mit dem Zeigefinder suchend von Ort zu Ort, und keine Autobahn wies einem den Weg. Es war noch ein Hauch von Abenteuer, so auf sich selbst gestellt unterwegs zu sein. Es war herrlich.

In Venedig, unserem eigentlichen Ziel, machten wir ein paar Tage Pause. Wo? Natürlich am Lido di Venezia. Ein Schiff fuhr uns hinüber. Es war damals ein Traumziel und verfügte sogar über einen Campingplatz. Neben uns zeltete ein Ehepaar aus Mönchengladbach, das bereits einen Opel Kapitän besaß. Wir schreiben uns noch heute.

Nach dieser kurzen Erholungsphase lockt Genua. Man sprach damals von der »weißen Stadt am Meer«, aber wir waren heilfroh, wieder draußen zu sein und verstiegen uns zu der Sehnsucht nach Florenz, zumal wir inzwischen alle drei das Gefühl hatten, bequem zu sitzen. Auch hatte jeder Gegenstand sein Plätzchen gefunden, so waren die Schlafdecken nunmehr über Sitzbank und Lehne gebreitet, wo sie anstatt zu stören, den Komfort noch spürbar erhöhten.

Nur der Oldtimer bot die Möglichkeit, die typischen Italien-Mitbringsel zu zeigen.

Die Italiener betrachteten unser bis an die Grenze des nicht mehr vertretbaren ausgelastetes Wägelchen keineswegs mit Verblüffung, kein Polizist hob auch nur eine Augenbraue. Denn im Gegensatz zu den stets überfüllten italienischen Kleinwagen, in denen die ganze Sippe Platz fand, erschienen wir ihnen wohl wie Reisende, die bequem noch einen oder zwei Anhalter hätten mitnehmen können.

In Parma sahen wir die Großmutter aus dem Kofferraum eines Millecento klettern, wobei uns der Großvater entschuldigend erklärte, ihm sei dieser Platz wegen seines steifen Beines verwehrt. Er hatte mit vier Enkelkindern im Fond gesessen. Nachdem er mir noch Ort und Zeit genannt hatte, wo der Granatsplitter sein Bein erwischt hatte, ergriff ich die Flucht, denn ich war zur gleichen Zeit am gleichen Ort gewesen. Hätte ich ihm diesen Zufall eingestanden, würden wir wohl noch heute eng umschlungen unter der Markise einer Cafeteria sitzen. An ihren Mauern und Haus-

wänden prangte noch immer der scherenschnitt-artige Schatten-
riss Mussolinis mit dem Ausruf: Es lebe der Duce!

Wir genossen Florenz, auf das wir von der hoch gelegenen
Piazza Michelangelo herabblickten. Da gab es einen kleinen Campingplatz, und Florenz lag uns zu Füßen. Natürlich arbeiteten wir
uns dann auf den gleichen Wegen wieder gen Norden und erreichten Hamburg unversehrt. Nicht einmal eine Reifenpanne hatte den
kleinen überladenen und überforderten Zweisitzer heimgesucht,
nur der Auspuff hatte sich ein wenig losvibriert.

Ach ja, was es denn für ein Auto war, möchten Sie wissen? Es
war ein BMW. Ein richtiger BMW. Eine Isetta!

Ihr Einzylindermotor hatte ein Volumen von 0,3 Liter und erzeugte 13 PS. Mit Bleisohle waren 85 km/h drin. Und weil sie nur
eine Fronttür hatten, kullerten bei fast jedem Tankaufenthalt die
Aluminium-Kochtöpfe heraus, die uns zu Füßen gelegen hatten.

Ein Jahr später fuhr ich dann mit dem neuen Fiat 500 vom Hamburg nach Rom. Er hatte einen Zylinder mehr, aber auch nur 13 PS.
Ich fuhr allein und erreichte nach zwei Tagen und einer Nacht
nahezu nonstop die Ewige Stadt. Er fuhr sich im Vergleich zur Isetta
wie ein Mercedes.

Aber mein Lieber, müssen Sie denn für Fernreisen immer so
kleine Autos nehmen? Natürlich nicht. Für den Trip Alaska-Feuer-
land wählte ich eine schwere Limousine. Aha! Ja, den damals neu
herausgekommenen VW-Golf. Und heute benutze ich für meine
Überwinterungsfahrten nach Südspanien ein Wohnmobil. Es hat
einen bärenstarken Turbodiesel und ein
Sofa, auf dem ich alle paar Fahrstunden
ein Nickerchen machen kann. Und jeder
hat seinen eigenen Clubsessel.

Aber, wenn ich es recht bedenke,
meine Fernreisen damals mit 13 PS waren wesentlich amüsanter. Man sollte sie
gelegentlich wiederholen.

Daten & Fakten

BMW Isetta: Baujahr 1959, 245 ccm Hubraum,
1 Zylinder, 12 PS, 85 km/h. Gebaut von 1955–
1962 in der Erfolgsauflage von 160.000 Exemplaren.

Die große Freiheit

Trotz Stau und Hitze verreisen die Deutschen am liebsten mit dem Auto – und das seit über 50 Jahren. Was heute für viele selbstverständlich ist, war damals die Erfüllung eines langgehegten Traums.

Im Jahr 1945 – besiegt oder befreit? Man muss es erlebt haben, um es wirklich verstehen zu können. Was mich betrifft, so fühlte ich mich eindeutig befreit, sah ich doch endlich Licht am Ende des Tunnels meiner so freundlos gewordenen Jugend. Als Zielscheibe für Geschosse aus allen Himmelsrichtungen würde ich nun nicht mehr herhalten müssen. Man bekam ja schon Nervenzucken. Das Glücksgefühl, überlebt zu haben, überlagerte alle anderen Empfindungen. Auf meinen Reisen in den Süden würde ich nun keinen Stahlhelm mehr tragen. Ein leichter Strohhut schwebte mir vor.

Der NSU Lido Cavallino eröffnete 1955 seine Pforten, hieß alle campingfreudigen Motorisierten willkommen und verleitete sogar die Quickly-Fahrer zur Alpen-Überquerung. In einem Inserat aus jenem Jahr gab die Firma ein Geheimnis preis: »Für den Gegenwert von einem Paar Schuhe – zirka 30 Mark – fährt Sie der NSU Prinz im großen Urlaub nach Italien«.

Nichts wie hin! Dieses Reiseziel war so begehrt wie Jahrzehnte später die Bahamas. Aber man musste den Brenner noch über die alte Passstraße bezwingen. Julier, Maloja und Splügen befanden sich, ebenso wie der Fernpass, noch in einer Art Urzustand, und der Zirler Berg, den man über die Kesselbergstraße erreichte, war als der große Bremsbelag-Vernichter bei den Zweitaktfahrern gefürchtet.

Unser Autobahnnetz war noch lückenhaft. Man tuckerte durch die Ort-

schaften, ob Stadt oder Dorf, und lernte so jedes Wirtshaus am Wege kennen. So manche Tankstelle bestand noch aus nur einer Zapfsäule mit einer Kanne fürs Zweitaktgemisch daneben.

Die Nachteile des Massen-Tourismus wurden weder erahnt noch befürchtet. Froh empfangen durfte man sich als Freund und Gast fühlen. Einmal, als wir am Fuße des Poretta-Passes nach dem nächsten Campingplatz fragten, wurden wir ins Haus gebeten, und wir durften es erst am nächsten Morgen wieder verlassen, nachdem wir sämtliche Salami-, Käse-, Pasta-, Wein- und Grappasorten und auch das Ehebett getestet hatten.

Ein anderes Mal wurde uns in der Nähe von Carrara ein ganzer Neubau zur Verfügung gestellt. »Bleibt solange ihr wollt. Im Keller liegt ein Fässchen Wein«. Das Haus war für den Sohn bestimmt, dessen Entlassung vom Militär bevorstand. Des Abend wurden wir dann unter Hinzuziehung aller erreichbaren Nachbarn mit Liedern unterhalten, die nur sehr entfernt etwas mit Puccini oder Verdi gemein hatten. Eher klangen sie nach Waffenbrüderschaft.

Sonntagsvergnügen in den 50ern: »Autos gucken« am Rande der Autobahn.

Und auch der deutsche Camper pflegte nach Einbruch der Dunkelheit deutsches Liedgut. Er fand den Westerwald schön und

entsann sich weinselig, vor Madagaskar gelegen und die Pest an Bord gehabt zu haben.

Die Benzingespräche, hätte man sie nur auf Band genommen, würden heute abendfüllende Lachnummern abgeben. Und doch waren sie ernst gemeint.

Da schwor einer, von Göttingen bis Rimini nicht ein einziges Mal in den ersten Gang gemusst zu haben. Er fuhr einen 12M. Ein anderer hatte mit seinem VW Käfer am Monte Ceneri einen Alfa Romeo gnadenlos vernascht. Jener war mit seinem 600er Lloyd Tempo 130 gefahren und dieser hatte mit seinem 170er Diesel zwischen Hannover und Alassio nicht ein einziges Mal nachtanken müssen.

Die ersten Caravan-Gespanne tauchten auf, von den eingefleischten Campern, die schon vor dem Krieg mit Klepper-Faltboot und Zelt unterwegs gewesen waren, ebenso verachtet wie das vollsynchronisierte Getriebe. Es wurde als Weiberkram abgetan. Man wollte auch weiterhin mit Zwischengas und Zwischenkuppeln schalten und darin seine ganze Könnerschaft beweisen.

Typische Gefährte für den Trip über die Alpen gen Süden.

Weil die Campingplätze noch recht dünn gesät waren, über-
nachtete man nicht selten auf irgendeiner Wiese oder am Rande
der Piste, ohne ausgeraubt oder gar ermordet zu werden. Eher fand
man am nächsten Morgen einen Korb mit Weintrauben vor dem
Zelt, und vom nahegelege-
nen Haus winkte der Spender
herüber.

Wir lernten den Espresso
kennen, den Chianti, den
Campari und die Spaghetti.
Und Francesco, den Bade-
meister, der im Mondschein
am Strand so herzzereißend
»Ma l'amore no« sang, dass
es den Damen die Tränen in
die Augen trieb.

Es war alles deshalb so wunderschön, weil vorher alles so ent-
setzlich trostlos gewesen war. Wir kamen aus Trümmern oder
Gefangenenlagern und hatten seit 1943 einen Traum gehabt.
Damals sang Rudi Schuricke zum erstenmal im Reichsrundfunk
zwischen den Sondermeldungen »Wenn auf Capri die rote Sonne
im Meer versinkt«. Das wollten wir eines Tages sehen.

Gewiss, wir mussten an den Grenzen noch unsere Koffer und
unseren Zeltsack auspacken. Der Pass bekam ein paar Stempel,
und auf die waren wir stolz. Das Fahrzeug benötigte ein Triptyk.
Man erwarb Benzin-Gutscheine, um einen Teil davon an die Italiener verhökern zu können, mit Gewinn, obwohl das bei Strafe ver-
boten war.

Und dann die mühselige, lange Heimfahrt. Wir waren geschafft,
aber glücklich. Heute setzt sich der Urlauber, von den Seychellen
heimgeflogen, hin und schreibt an den Reiseveranstalter: »… und
im Bad war eine Kakerlake«.

In unserer Suppe waren damals zwischen den Sandkörnern
immer auch ein paar Ameisen, denn wir kochten sie im Freien auf
dem Spirituskocher, der auf einer umgestülpten Apfelsinenkiste
stand.

Liane, meine Frau, behauptet, wir seien nie wieder so glücklich
gewesen. Und immer, wenn sie das sagt, höre ich Francesco im
Mondschein singen.

*Ich könnte es natürlich auch mit vielen schlauen
Worten ausdrücken, doch sage ich es ganz schlicht:
Mein Museum soll leben.*

Eines Tages kam ich daher auf die Idee, meinen Besuchern die ausgestellten Autos noch »näher zu bringen« durch zeitbezogene, zum
jeweiligen Objekt passende, das damalige Umfeld dieser Autos
erhellende Erinnerungs-Sprüche.

Ich teilte die Erinnerungen in drei Epochen ein: Es erinnerte sich
der Großvater, der Vater und der Sohn, je nach Baujahr des Fahr-
zeuges. Diese ersten Sprüche erfand ich selbst.

Als ich merkte, wie gut sie bei meinen Besuchern ankamen und
wie sie selbst angesichts der Autos, Motorräder und Traktoren in
Erinnerungen schwelgten, regte ich auf im Museum verteilten
Plakaten an, die Besucher mögen mir doch ihre Erinnerungs-Sprüche aufschreiben und an der Kasse
abgeben. Dazu gab es ein Formblatt.
Von dieser Möglichkeit haben außer-
ordentlich viele Besucher freudig Gebrauch gemacht.

Ein Besucher erinnerte sich beim
Anblick des Renault 4 CV daran, dass
er »dank diesem Auto schon mit 17 Ali-
mente zahlen musste«.

Der Nachbar eines anderen, der
einen Zündapp Janus bewegte, stieg
einmal im Vollrausch durch die Heck-
tür ein und schimpfte auf die Strolche,
die ihm das Lenkrad geklaut hatten.

Diese persönlichen Erinnerungen
der Besucher meines Museums spie-
geln besser als manches dickleibige
technik- und zeitgeschichtliche Buch
die Zeit, die Umstände und die Gege-
benheiten wieder, die damals Sache
waren, als diese Fahrzeuge »lebten«.

Da kommt dieses »weißt Du noch?«
und »genau so war's!« zu seinem
Recht, das den Besuchern plötzlich

auf der Zunge liegt, wenn sie vor diesem oder jenen Fahrzeug stehen, das in ihrem Leben irgendeine Rolle gespielt hat, und sei es nur, dass es das Auto des Vaters, Onkels, des Nachbarn oder des Gemüsehändlers war.

Wir blicken doch alle gern zurück, und als Zeitzeugen, die sich über Jahre und Jahrzehnte hin nicht verändert haben, kann man diese Motorfahrzeuge ansehen, während Häuser und Straßen aus jenen Tagen oft kaum wiederzuerkennen sind.

Es freut mich, dass meine Museumsbesucher sich mit jeweils einem oder mehreren der ausgestellten Fahrzeuge identifizieren können, dass also auch »ihr« Auto oder Motorrad dabei ist. Also wird es auch in Zukunft ein Wiedersehen geben, manchmal mit Tränen in den Augen.

Weiterhin viel Spaß auf »der Straße der Erinnerungen«!

Vorreiter der Ponton-Form im US Styling: Opel Rekord und Ford 17 M.

Fahrspaß im Kleinen

Sie kamen nie daher wie Opa Kruse mit Hut und Zigarre.
Sie waren für den Verkehrsraum Italien gemacht, der ein
großer Spielplatz war. Dort durften sie albern und jubeln
und Fangen spielen – damals.

Mit verbundenen Augen würde ich das Auto schon nach wenigen
Kilometern eigenhändigen Pilotierens als Fiat erkannt haben. In
jenen Tagen, als ich jede Neuerscheinung des Marktes testen durfte,
und als man bei Fiat noch mit ganzem Herzen, aus voller Brust
und aus dem Bauch heraus Autos baute – italienische.

    Sie zeichneten sich durch ein nahezu lebenslustiges Fahrver-
halten aus. Und das Wort leichtfüßig erfand ich natürlich auch in
irgendeinem Fiat. Man kann es nachlesen. Sie waren den Italienern
auf den Leib geschneidert, als diese noch keine ausländischen

Autos kauften. Ganz Italien war ein riesiges Fiat-Testgelände. Und
diesem und jenen Touristen, der da hineingeriet, sträubten sich die
Nackenhaare.

Mit einem Fiat, und war er noch so klein, konnte man sich auf den
kurvenreichen Uferstraßen der Lagos oder auf der Küstenstraße zwischen San Remo und Savona fröhlich jagen. Weil man dabei auch
noch im Urlaub war, die Sonne schien, und von allen Seiten ein
Palmwedel ins Bild ragte, war das für die
deutsche Seele hochprozentige Labsal.

Wer damals von einer Isetta oder
einem Goggomobil auf den neuen 500
umstieg, der hatte schon fast Mercedes
Gefühle. Und weil die Frauen ausriefen
»mein Gott, ist der süß!« durften ihn sich
die Männer auch kaufen, auf welche
Wechsel auch immer. Auch ich habe mit
ihm spielen dürfen, bin mit ihm von
Hamburg nach Rom gezwitschert und
nannte ihn den kultiviertesten Kleinwagen aller Zeiten. Das war eine Liebeser-
klärung, derer ich mich auch heute nicht
schäme. Noch immer zaubert er mir
altem Knaben ein Lächeln in die Seele.

Daten & Fakten

Fiat 500, Baujahr 1968, 500 ccm Hubraum,
2 Zylinder, 19 PS, 95 km/h, Nachfolger des
berühmten Topolino und des Fiat 500 c.

Ein Feriengast aus Berlin, eingetroffen mit einem Mercedes-
Diesel, sagte zu meinem Opa, der einen 250er Goggo fuhr:
»Mit sowat ham wa früher die Kohlen aus'm Keller geholt,
aber da war wenigstens een Griff dran!« Ich weiß noch, wie mein
Opa danach in der Küche auf die »Preißn« geschimpft hat.

— · —

Das Goggomobil war das erste Auto meines Vaters. Wir alle
waren stolz wie die Schneekönige und putzten ihm fast den Lack
vom Leibe. Als wir zum erstenmal vier Personen hoch in den
Urlaub fuhren, einschließlich allem Gepäck, brauchten wir von
Wiedenbrück nach St. Peter Ording an der Nordsee zwei Tage.
Das hielten wir aber für eine gute Reisegeschwindigkeit.«

— · —

»Mein Vater war ein ganz überzeugter Goggomobil-Fahrer, der für
die BMW Isetta nur ein Lächeln übrig hatte, weil sie kein »echter
Viersitzer« war. Eines Tages pferchte er doch tatsächlich meine
Großeltern mit in den Goggo hinein, um mit ihnen in die Baum-
blüte zu fahren. Ich weiß noch, dass mein Opa dann wochenlang
nicht laufen konnte, weil er sich den Rücken verrenkt hatte. Aber
der Beleidigte war mein Vater, der gar behauptete, »der Opa simu-
liert nur«. Erst an Weihnachten haben sie sich wieder vertragen.«

— · —

»Wir waren vom Motorrad mit Seitenwagen auf das Goggomobil
umgestiegen, vor allem wegen unserer zwei kleinen Kinder, und
wir fühlten uns wie im Himmel. Wir warteten unterwegs direkt
auf einen ordentlichen Regenschauer, um uns noch mehr darüber
freuen zu können, dass wir in einer richtigen Limousine saßen.«

— · —

»In unserem Mietshaus wohnten nicht weniger als drei Goggo-
mobil-Besitzer, und sie starteten frühmorgens fast gleichzeitig zur
Arbeit. Wir wohnten im Parterre. Meine Mutter sagte :«Nun
brauch ich keinen Weckermehr, der kommt dagegen sowieso
nicht an«. Und wenn der Letzte gestartet war, sagte mein Vater:
»Raus jetzt, der Goggo hat zum drittenmal gekräht!«

Alles Banane

Das Zoo-Tier lebt, gleich welcher Rasse
Längst all included erster Klasse.
Das Futter wird ihm aufgetragen,
anstatt es mühsam zu erjagen.
Gefahr und drohende Gewalten
Sind per Umzäunung ferngehalten.
Tut es ihm irgendwo mal wehe,
ist schon der Doktor in der Nähe.
Und sorglos, weil stets Hilfe winkt
Verkümmert jeglicher Instinkt.
So wandelt's sich auf lahmen Pfoten
Allmählich zum Konsum-Idioten.

Der Mensch, dem Affen nah verwandt,
verfolgt dies scheinbar wie gebannt.
Statt zu bemühen seinen Kopf
drückt er viel lieber einen Knopf.
Denn irgendwie ersetzen Chips
nun auch sein letztes bisschen Grips.

Sein Auto, dem er einst befahl,
hat Chips und Knöpfe ohne Zahl,
die ihn auch beim riskanten Tollen
vor Not und Tod bewahren sollen.
So kann er, ohne viel zu denken,
sich ins Verkehrsgewühl versenken.
Das, wenn man es auch gern vergisst,
nichts als die freie Wildbahn ist.
In der das Zoo-Tier, auch mit Mähne,
mit Sicherheit zu Tode käme.
Nicht Modul, Chip, nicht Knopf an Knopf
ersetzen uns das Hirn im Kopf.
Wenn auch das Zoo-Tier nur verödet –
der Mensch hingegen, der verblödet.

Fritz B. Busch 2002

Mandolinen im Mondschein

Herr M. erwarb diesen Wagen im Sommer 1960 und fuhr ihn 25 Jahre lang, bis er beim Tachostand 111 490 verstarb. Herr M. starb, nicht der Ford. Der lebte weiter. Herr M. hatte für seinen Traumwagen noch mit 59 Jahren den Führerschein gemacht, und er gab seinen Liebling nicht wieder her. Nicht der TÜV, sondern der Tod schied die beiden.

Dem TÜV hatte Herr M. stets ein Schnippchen geschlagen. Er pflegte seinen Wagen so, dass an ihm nichts auszusetzen war. Und er ging alle Zeit weise mit ihm um: Pro Jahr legte er nur 4000 bis 4500 Kilometer zurück. Und dazu nahm er sich Zeit. Er fuhr nie schneller als 60 km/h. So entsinnen sich seine engsten Verwandten.

Als man Herrn M. zu Grabe getragen hatte, stand sein 17 M hochglanzpoliert in der Garage und war traurig. Er stand da und wartete. Wer würde kommen? Der Schrotthändler? Oder irgendeiner, der ihn zuschanden fahren würde?

Der Ford hatte Glück, ich kam. Ich öffnete im Juni 86 das Garagentor, setzte mich hinter das große, im Zentrum mit dem Kölner Wappen verzierte Lenkrad, schob den Zündschlüssel ins Armaturenbrett und drehte ihn nach rechts, wobei mein Gasfuß einige Pumpbewegungen machte. Es vergingen nur fünf Sekunden, dann sprang er an.

Gletscherblau und pastellweiß, dazu reich verchromt und verziert, innen im Polster-Design »Blau-T« gehalten und von einem weißen Kunststoffhimmel gekrönt (abwaschbar und immer noch strahlend hell) verließ er rückwärtsfahrend die Garage, um gleich im Sonnenlicht zu stehen und den ersten Passanten zu verwirren, der durch die stille Wohnstraße schlenderte. Der stutzte und stand wie angewurzelt. Er ging dann langsam weiter und drehte sich noch einige Male um, als müsste er sich vergewissern, dass das keine Fata Morgana war, was er da sah. Kommt da ein scheinbar nagelneuer 17 M aus der Garage gefahren, als wäre kein Vierteljahrhundert vergangen. Da soll man sich nicht über die Augen wischen?

Auch die beiden Stofftierchen standen noch auf der Heckablage und schauten aus dem Fenster wie damals, als man da noch einen kleinen Löwen hinlegte, einen Dackel oder einen blonden Cocker.

Nun stehen oder liegen sie bei Herrn M.'s Nichte und schauen auch da aus dem Fenster auf die Straße hinunter, als wäre nichts gewesen.

Ich sehe in einem alten Auto immer mehr als nur die Tonne Blech und Guss und Gummi, zumal dann, wenn ich seine Ge-schichte kenne. Dieser hier hatte mit Herrn M. gelebt, er war mit ihm so gut wie verheiratet.

Damals testete ich den 17 M P 2 als Zugwagen. Mit einem Dethleffs-Caravan hintendran fuhr ich mit ihm von Hamburg an die Riviera. Amerikanisch fuhr er sich für damalige Begriffe, nämlich weich und leise, schaltfaul, leicht-gängig in der Lenkung. Und er war geräumig. Schon die vordere Sitzbank imponierte sehr. Und die Lenkradschaltung war der letzte Schrei. Es gab noch keine Sicherheitsgurte, weshalb die Beifahrerin einem in Rechtskurven immer nahe kam, hübsch haltlos auf der breiten, durchgehenden Bank, und außerdem trug sie Petticoats. Aus dem Röhrenradio tönten so feine Schnulzen wie »Mandoli-nen im Mondschein« oder »Arrivederci Roma«.

Das war die Zeit, in der er lebte, ohne seiner barocken Formen wegen verlacht zu werden. Es ist müßig, ein Auto aus vergangenen Jahren am heutigen Standard zu messen. Man kann ihm nur gerecht werden, indem man es in seine Zeit stellt. Und man kann es nur verstehen, wenn man auch die Menschen und ihre Ge-danken und Empfindungen von damals zu verstehen versucht.

Herr M. wird nächtelang nicht geschlafen haben in Erwartung der Auslieferung des zweifarbigen Traumwagens in de Luxe-Aus-führung und mit Saxomat. Als er ihn dann hatte, blieb er ihm treu. Herr M., Jahrgang 1901, war zur Treue noch fähig. Vom Wegwer-fen hielt er schon gar nichts.

Als er ein junger Mann war, so um die 1920 herum, betrachteten die amerikanischen Farmer und die Ladenbesitzer und die Hand-werker das Ford T-Modell als eine Anschaffung fürs Leben. Der rasche Modellwechsel kam ja erst später. Und der Rostfraß ist eine sehr moderne Erfindung.

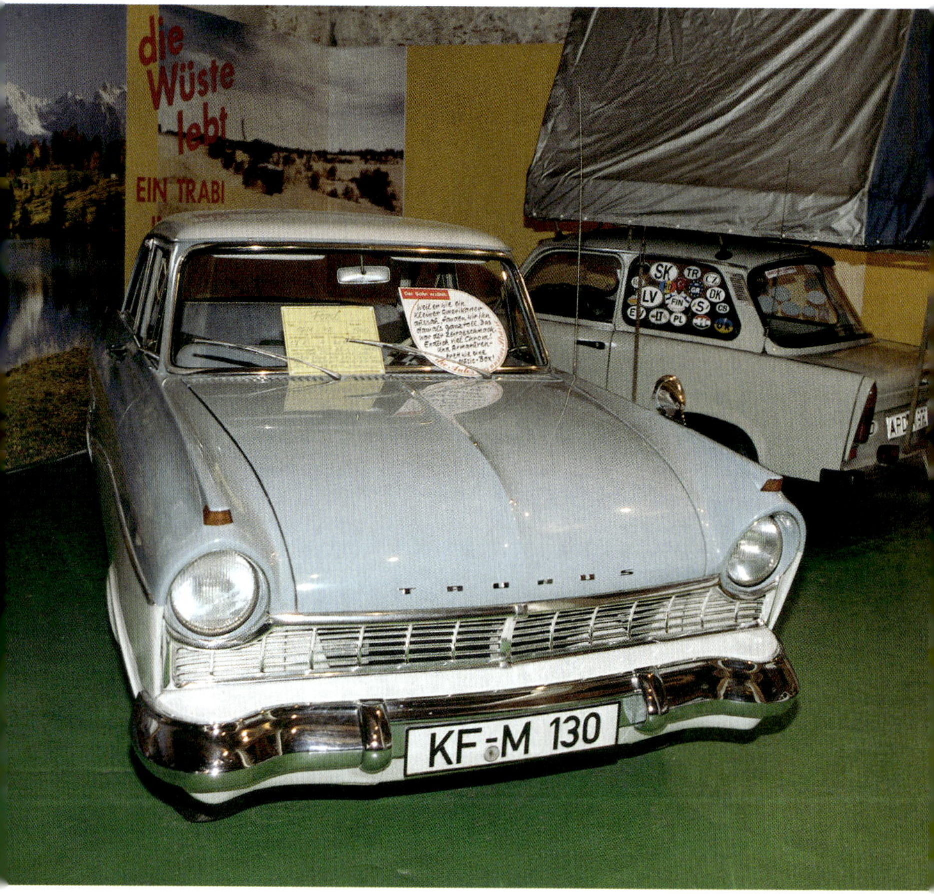

Auch bei Herrn M.'s 17 M hat er vor Jahren schon zu schaffen begonnen, aber Herr M. hat ihm im Bereich der Schweller stets Einhalt zu bieten versucht. Das sieht man schon, wenn es auch gut gemacht ist. Mit meinem Ford T-Tourer und meinem A-Modell habe ich diesen Kummer nicht.

Ich erwähne es nur, um deutlich zu machen, was Fortschritt ist: In 50 Jahren wird man es leichter haben als heute, ein Automobilmuseum auf die Beine zu stellen. Es genügt für die Räumlichkeit ein großes Zimmer. An den Wänden hängen neben- und übereinander Plastikbeutel voller Rostkrümel. Und ein jeder ist beschrif-

tet mit der Aussage, welche Marke und welcher Typ das mal war. So einfach ist das in 50 Jahren.

Heute brauche ich noch ein paar starke Männer, wenn ich einen Mercedes Tourenwagen aus den End-20ern von einer Stelle im Museum zur anderen schieben will. Eines Tages hängt man nur noch einen Beutel um.

1960, als Herr M. seinen Traumwagen kaufte, kostete der zweitürige 17 M de Luxe knapp 7000 Mark. Dazu den VW-Preis als Maß aller Dinge: VW 1200 Standard 3790 Mark. Export Modell 4600 Mark. Wenn ich mit ihm dahinflaniere, gleitet mein Blick bevorzugt über das verspielte Musicbox-Armaturenbrett und das dreispeichige Lenkrad, das man damals »zum Anbeißen schön« fand, nicht nur wegen des verchromten Huprings.

Daten & Fakten

Typ Taunus 17 M P 2: 1687 ccm Hubraum, 60 PS bei 4250 U/min, Verbrauch ca. 10,5 l Super, Höchstgeschwindigkeit 128 km/h.

Als Sammler der ersten Stunde hatte ich mal geglaubt, dass nur die Automobile der Vorkriegszeit für mich in Betracht kämen und dass die 50er und 60er Jahre nie sammelnswert sein würden. Welch ein Irrtum – und welch ein Glück, dass es Herrn M. gab, der seinen Wagen für mich aufbewahrte. Er hat mir dadurch ein Vergnügen bereitet, das ich nicht missen möchte.

Auch für Sie ist es noch nicht zu spät. So mancher 17 M der Ära »Gelsenkirchener Barock« wartet noch auf einen gleichgesinnten Partner unter dem Stichwort »Mandolinen im Mondschein«.

Es war ja doch eine schöne Zeit.

»Mit dem TRIRO Dreirad machte mein Bruder
damals ein Fuhrgeschäft auf. Er fuhr Gemüse und
Kartoffeln für den Großmarkt. Heute hat er fünf
Fernlaster und zwei Herzinfarkte …«

— · —

»Der Spediteur fuhr oft mit dem Lanz Bulldog durch
die Straße. Da klirrten die Gläser im Schrank, und meine
Mutter rief: »Oh Gott, oh Gott! Muss denn das sein?«

— · —

»Unser Gerichtsvollzieher fuhr damals einen
Fiat Neckar. Das war peinlich. Denn so wusste jeder in
der Straße, bei wem er gerade war. »Kann der nicht
mit dem Fahrrad kommen?« sagte mein Vater.«

— · —

»Wenn wir mit unserem NSU Prinz von Hannover an
die Ostsee fuhren, nahm Vater reichlich Werkzeug mit.
Kurz vor Hamburg wurde dann eine kleine Inspektion
gemacht und nach der Ankunft in Travemünde die große.«

— · —

»Die Isetta nannten wir Hühnertöter. Damals liefen
die Hühner ja noch frei herum, und wenn eines die Vorderräder
überlebt hatte, wurde es garantiert von den Hinterrädern
erlegt, die für die mittlere Spur zuständig waren.«

— · —

»Im Jahr 1959 leisteten wir uns mit glänzenden Augen
einen Vorführwagen, unseren Lloyd Alexander TS.
Heute, kurz vor unserer goldenen Hochzeit, stehen wir
mit Tränen in den Augen im Museum vor einem solchen.
Er war und ist der Traum unseres Lebens.«

»Den MG fuhr mein Englischlehrer mit Pfeife und
Sportmütze. Er hatte ihn gebraucht gekauft, aber jede Woche
eine neue Freundin. Wie haben wir ihn alle beneidet!«

— • —

»Mit der Zündapp Kombinette fuhr ich bei strahlendem Wetter
von Nürnberg nach Regensburg. Es war Karfreitag, und ich
verdrückte trotzdem eine Wurstsemmel. Im strömenden Regen
kam ich völlig durchnässt zurück. Der Kombinette war das egal,
aber ich verzehre nie wieder am Karfreitag eine Wurstsemmel.«

— • —

»Mit dem Goggomobil fuhren mein Onkel und meine Tante
sonntags zur Kirche. Und wenn die Ziege zum Bock musste,
kam der Sitz raus. Da saß die Ziege und meine Tante hinten
quer. Die Ziege war jedes Mal von der Fahrt begeistert.«

Museumsbummel einmal anders:
Reingehen, um vom Frühling zu träumen

Morgen, spätestens übermorgen ist er da. Er liegt schon in der Luft. Wenn es nach Frühling riecht, packt uns die Sehnsucht nach einem offenen Wagen. Zwar erfasst diesen und jenen ausschließlich die Sehnsucht nach einer Limousine, aber dafür muss es nicht Frühling werden. Also träumen wir unbeirrt vom offenen Wagen – wegen Sonne, Luft und Blütenduft, und über uns der Himmel.

Der Romantik und der alten Schlager wegen soll es ein Oldtimer sein. Also gehen wir ins Museum und nicht zum Neuwagenhändler.

»Das wird ein Frühling ohne Ende, voll Blütenduft und Sonnenschein …« so dudelte es aus dem Koffergrammophon und später auch aus dem Transistorradio im Handtaschenformat. Und nun schmeichelt es sich als Hintergrundmusik in die Herzen der Museumsbesucher. »Wenn es Frühling wird und die Sonne scheint …« Schluchz, das war Marika Röck »… bin ich wieder bei dir«.

Dazu riecht es nach Auto, nämlich nach Gummi und Leder, Verdeckstoff, Benzin und Caramba und einem Hauch von Poliermittel. Im Museum dürfen Oldtimer sauber sein, auch ganz alte, auch britische. Man möchte doch zu gern wissen, wie sie wirklich aussahen, als sie neu waren und den Leuten den Schlaf raubten.

Parfüm und Glamour für Leute mit Fernweh. Die Spotlights lassen schon mal die ersten Sonnenstrahlen erahnen.

»Das ist mein Parfüm, das die Männer betört, es berückt und bezaubert auch Sie …« sang in jenen Tagen eine Frauenstimme aus einer Schellackplatte, die man mit raus ins Grüne nahm. Ganz früher gab es auch in den Limousinen noch kein Radio, sorry, nur eine Blumenvase hier und da für einen Hauch von draußen. Mein allererstes Auto mit eingebautem Radio war ein Käfer-Cabriolet. Wir fuhren abends extra raus, um unterm Sternenhimmel Radio zu hören.

Es gab eine Zeit, da sahen alle Mädchen aus wie die Lollo – als sie noch in ihrem dünnen, verwaschenen Kleidchen auf Burro,

dem Esel, ritt, von Fernandels zähnefletschender Güte begleitet. Diese Mädchen schwärmten für offene Wagen, weil in den Limousinen nur Männer mit Hut und Zigarre saßen.

Sie trugen zum Bubikopf eine Baskenmütze. Auch auf dem Sozius eines Motorrads sah man sie, aber sie träumten von einem jungen Mann mit einem kleinen Zweisitzer. Ich weiß es, so alt bin ich schon.

Im Kino jedoch fuhr der Traummann einen großen Zweisitzer bis hinauf zum Kompressor-Mercedes. Auch Willy Fritsch und Lilian Harvey, Richard Tauber und Hans Albers fuhren offene Wagen. Nur die Bösewichte verbargen sich in Limousinen, in schwarzen, wie Al Capone. Es interessierte sie nicht die Bohne, wie einem zumute sein mag, wenn der weiße Flieder wieder blüht.

Auch in den Filmen der 50er und 60er fuhr man offen. Kein Musikfilmchen ohne ein Ami-Cabriolet. Es gehörte wahrscheinlich

»Am Sonntag will mein Süßer mit mir segeln gehn!« Oder etwa Auto fahren?

dem Produzenten und war die Verlängerung seiner Besetzungs-
couch. Auch die kleinen Mädchen im Parkett hätten da zu gern
mal dringesessen. Zumal es sich meistens auf einer Küstenstraße
bewegte, nahe am blauen Meer. Und wenn es mal parkte, dann nur
unter Palmen – und immer offen. O, mia bella Napoli!

»Darf ich mir einen aussuchen?« werde ich oft im Scherz gefragt. »Aber nur einen« sage ich dann an meinem erhobenen Zeigefinger vorbei, »nur einen!« Das ist hinterhältig, denn bald werden
sie überhaupt nicht wissen, welchen sie nehmen sollen. Es ist, als
wäre man mit den Girls vom Pariser Lido auf einer einsamen Insel
gestrandet und jemand würde mit erhobenem Zeigefinger sagen:
»Aber nur eine!« So bitter ist das.

Denn die offenen Kopfkissenzerwühler jener Jahre, die einem
den Schlaf rauben, sind nicht gezeichnet, sondern gestreichelt worden. So hat es den Anschein. Wie kämen die Automacher von
heute sonst auf den Retro-Look – freiwillig bestimmt nicht. Die
Käufer verlangen es. Gestern ist in.

Und das ist kein Wunder. Denn gestern war Frühling. Frühling
in der Geschichte der Motorisierung. Frühling in der Unterhal-
tungsbranche und ihrer Musik, Frühling bei den Filmemachern und
in den Herzen derer, die sich noch über einen Ausflug ins Grüne
mehr freuen konnten als über einen Flug nach Mallorca.

Diese Frühlingsgefühle wachsen einem zu auf einem Museums-
bummel. Beim Rausgehen ist man überrascht, draußen einen grauen
Wintertag vorzufinden. Hatte drin nicht schon die Amsel gesungen,
der weiße Flieder geblüht?

Das nicht, nur das Herz war uns aufgegangen, und wir haben
die Welt wieder mit anderen Augen gesehen. Wenn man mit einem
kleinen Dixi glücklich sein konnte, weshalb können wir es dann
heute nicht mehr mit einem Fünftürer?

Ich verordne Ihnen einen Museumsbesuch. Die meisten sind
im Winter sonntags geöffnet.

Der Sports-Freund

Der »Wagen für Beruf, Sport und Reise« – so pries man ihn damals an, ohne dass darüber gelacht wurde – ist heute derartig »in«, dass man meinen könnte, er habe Flügeltüren. Aber ein 300 SL treibt sich leichter auf.

Ich hatte Glück. Ich erwarb vor etlichen Jahren eine Holzkiste voller Teile, aus der auch ein Motor herausragte, dazu einen spindeldürren Rahmen, der eher wie ein beschädigtes Gartentor aussah und eine arg zerbeulte Aluminium-Karosse, die an zerknittertes Schokoladenpapier erinnerte.

Der Verkäufer nannte das alles aber »einen fast kompletten Kleinschnitter«, und er wedelte zum Beweis mit dem Original-Kraftfahrzeugbrief aus dem Jahr 1953. Da kann unsereiner nicht widerstehen. Ich erwarb die Trümmer in der tröstlichen Gewissheit, dass nun auch ein Kleinschnittger auf der hohen Kante läge. Man weiß doch nie, was kommt.

Und einen Kleinschnittger wollen die Museumsbesucher sehen. Weiß der Himmel, weshalb sich so viele an ihn erinnern. Dabei haben manche seinen Namen vergessen, fragen aber nach dem kleinen Zweisitzer ohne Rückwärtsgang, den man dafür aber hinten herumheben konnte. Wer das einmal gesehen hat, der vergisst es halt nicht wieder. Das ist eine echte Nummer, für die man heute in der Runde der Zuschauer mit dem Hut sammeln gehen könnte.

Paul Kleinschnittgers Wägelchen, 1949/50 aus der Not der Zeit geboren, ist zur Legende geworden. Er war damals eine große Tat. Man musste nicht nur am Material sparen, weil es knapp war in jenen Tagen, sondern auch, weil das fertige Auto nur soviel wiegen durfte, dass ein 125er Ilo-Motörchen mit ihm fertig werden konnte. Teuer durfte das alles sowieso nicht sein, denn der Bundesbürger war knapp bei Kasse.

Paul Kleinschnittger arbeitete nach dem von mir so hoch geschätzten Grundsatz, dass die hohe Kunst des Konstruierens in der genialen Vereinfachung liegt. Der Kleinschnittger ist für mich das T-Modell unter den Kleinstwagen.

Als ich mich entschlossen hatte, die Teile aus der Holzkiste aus dem Schuppen in die Museums-Werkstatt zu verfrachten und mein

So ersetzte man
beim Kleinschnitt-
ger den fehlenden
Rückwärtsgang:
Anheben und
rumschwenken.

Mechaniker sie zu sortieren begann, packte uns beide ein gewisses Fieber. Der Ehrgeiz, aus einem Haufen schrulliger Einzelteile ein hübsches Sportwägelchen zu machen, erfasst wohl jeden, dem sich diese Möglichkeit bietet. Es ist vergleichbar mit der Begeisterung eines Knaben für einen Metallbaukasten.

Es galt zunächst, die Karosse von ihren Farbschichten zu befreien. Sandstrahlen wäre ihr Tod gewesen, und Abschleifen per Maschine hätte ihre zarte Haut für immer schädigen können. Es blieb nur Ablaugen, und wir übertrugen diese Arbeit einer gewerbsmäßigen Ablaugerei, die uns sehr zufrieden stellte.

Nun zeigte sich, was es zu glätten, zu egalisieren, nachzuarbeiten und zu füllen galt – alles. Und geschweißt werden musste auch. Auch mussten die Laschen aus Aluminium, mit denen die Karosse am Rahmen befestigt wird und ihm beim Tragen hilft, neu angefertigt werden. Das Marken-Emblem am Frontgitter, die Kleinschnittger-Biene für den Hupknopf und auch die Instrumentenblätter für Tacho und Zeituhr wurden aus einer Nachfertigungsaktion bezogen und mit stolzer Freude platziert. Paul Kleinschnittger selbst schickte neue Radkappen und einen Satz Gummiringe für die Federung. Der Kleine hängt ja nur in diesen viermal zwei Gummiringen, die seine gesamte Abfederung besorgen.

Das Fahrwerk wurde gründlich überholt. Dabei kommt man dahinter, dass der Konstrukteur auch der Produzent war, gewissermaßen mit eingebautem Rotstift. Die Dreieckslenker sind an allen vier Ecken die gleichen, und die Zahnstange der Lenkung läuft nicht in einem eigenen Gehäuse, sondern im ohnehin vorhandenen vorderen Querrohr. Genial ist auch die Lösung des Freilaufs, der immer eingeschaltet bleibt, weil man ihn nicht abschalten kann, er wirkt einfach nach dem Prinzip des Mitnehmers. Die Ilo-Motoren hielten in den Autos von Paul Kleinschnittger länger als irgendwo sonst.

Auch der, den wir in der Kiste vorfanden, war in bester Verfassung. Erst ein den Papieren beigefügter vergilbter Rechnungsbeleg bewog uns dazu, ihm seinen Zustand abzunehmen. Er stammt aus dem Jahr 1962, und er lautet wie folgt: »Motor zerlegt, gereinigt, Kurbelbetrieb und Getriebe eingebaut, Zylinder montiert, Zylinder geschliffen, ein neuer Kolben, ein Satz Dichtungen, Arbeitszeit DM 27,00«. Die Endsumme belief sich auf 72,60 DM – das waren Zeiten!

Er wurde eine Woche vor Weihnachten fertig, und ich hatte beschlossen, ihn mir unter den Christbaum zu stellen. Aber meine Frau hat aus mir völlig unerklärlichen Gründen eine Abneigung gegen Ölflecken auf dem Teppich – wie die Frauen eben so sind. Dabei hätte er so schön durch die Zimmertür gepasst …

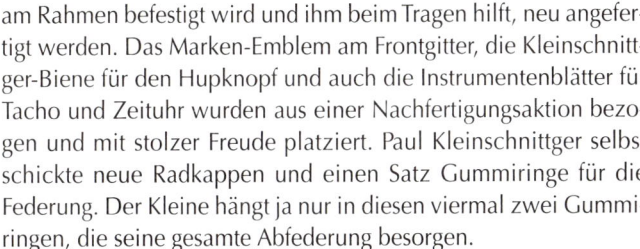

Daten & Fakten

Kleinschnittger 125, 1953: Zweitaktmotor, 123 ccm Hubraum, 6 PS bei 5000 U/min, Höchstgeschwindigkeit 65 km/h, Preis 1953: DM 2375,–
Von 1950 bis 1957 sind rund 3000 Kleinschnittger gebaut worden.

»… als es zwischen meinen Beinen explosionsartig knallte …«

Eines Tages hantierten wir an einem Motorrad der Marke Stock herum. Ich weiß nicht mehr, wie und wo wir das Ding aufgetrieben hatten. Es muss irgendwo hinter einem Haus oder auf einem Hof herumgestanden haben. Es gibt heute wohl keinen Menschen, der sich an dieses Modell erinnert.

Der Tank hatte die Form einer Botanisiertrommel, und der Lenker bestand aus einem kerzengeraden Stück Rohr, auf dem zur Rech-

ten und zur Linken je ein dürftiges Hebelchen aufgeschraubt war, oder auch zwei. Und natürlich eine Ballhupe, deren Gummibalg aber geborsten war, so dass sie keinen Hilfeschrei mehr von sich geben konnte.

Ich hatte mich in den Sattel geschwungen, und mein Freund Benner, der kleine Dicke, schob sich ein paar Kilo vom Leibe, aber das Ding wollte nicht anspringen. Als es endlich und natürlich völlig unerwartet zwischen meinen Beinen explosionsartig knallte, rissen Benner die Hosenträger und er blieb, durch die herabfallende Hose behindert, wie angewurzelt stehen. Ein paar Nachbarskinder lachten aufs schäbigste.

Ich hätte dennoch gern mit ihm getauscht, denn ich wurde von Null auf Fünfzig in etwa dreißig Sekunden beschleunigt, und das ist ein Wert, der einen ahnungslosen Radfahrer erschauern lässt. Und bei diesem Tempo blieb es dann auch

und wurde um kein Kilometerchen weniger. Irgendwo an dieser rostigen Mühle musste ein Hebel, ein Schieber oder ein Bowden-zug eingerostet auf Vollgas stehen. Ich hatte keine Ahnung, wo. Wie gesagt, ich war neun Jahre alt und wäre es wohl auch geblieben, wenn nicht vor der nächsten schwierigen Kurve der Keilriemen gerissen wäre. Das war meine Rettung.

So viel aus meiner frühesten Erinnerung an ein selbstgefahrenes Motorrad.

Später versuchte ich mich gar als Steilwandtodesfahrer, wurde Motorradverkäufer in Hamburg und testete diese und jene Neu-erscheinung für ein großes Magazin. Aber weil alle der Meinung waren, über Automobile könne ich besser schreiben, belustigte ich

Vor das Auto hatte der Geldbeutel das Motorrad gestellt – aber alle waren glücklich.

Bei den Motor-
rädern lohnt sich
auch für den Laien
das genaue Hin-
schauen.

Es gab aufregende
Konstruktionen,
aber auch die legen-
dären »200«er.

mich nur rein privat mit diesen herrlichen Spielzeugen. Und sammelte sie.

Zuerst natürlich jene, von denen ich als Halbwüchsiger geträumt hatte. Die Zündapp DB 200 gehört dazu ebenso wie die NSU Pony. Das waren in den Dreißigern die erschwinglichsten

Modelle. Sie kosteten 540 Mark. Aber das waren immer noch drei Monatseinkommen eines Arbeiters. Bei mir reichte es eines Tages nur zu einer NSU Quick. Erst nach dem Krieg habe ich dann alles nachgeholt. Und auf meine Motorrad-Sammlung bin ich sogar stolz.

Das Moto Guzzi Gespann ist wahrhaftig viersitzig.

Neunzig Minuten einer Reise …

Vierzig Jahre lang war das Manuskript einer Italienfahrt im Fiat Ballila vergessen. Motor Klassik entstaubte die vergilbten Schreibmaschinenseiten. Aber lesen Sie selbst!

Das weiß man erst nach Jahren – so, wie man erst im Alter zu sagen vermag, ob und wofür es sich lohnte, zu leben. Von hundert Bildern einer Reise, spontan oder wohl überlegt fotografiert, sind es vielleicht zehn, die nach Jahren noch eine Aussage haben. Und von vier langen Wochen bleibt oft nur ein Tag in der Erinnerung zurück – oder auch nur ein Augenblick. Es ist der, für den sich die Reise lohnte. Das weiß man erst nach Jahren. So wie ich heute weiß, dass es die Mittagsstunde auf dem Berg war, im Dorf der toten Seelen. Nur diese neunzig Minuten von vier Wochen sind geblieben: Ein Kind, das ich unten an der Küste nach dem Dorf auf dem Berg frage, rennt davon. Ein altes Weib bekreuzigt sich schweigend. Sie nennen es das Dorf der toten Seelen, und sie schweigen es auch tot.

Das Dorf hat vor hundert Jahren gelebt, und nur ein Zufall führte mich auf seine Spur. Ich hörte, wie eine Mutter ihrem unartigen Kind zurief: »… oder ich schicke dich ins Dorf der toten Seelen!«

Und ich sah, dass das Kind augenblicklich brav wurde. Das Dorf ist auf keiner Karte verzeichnet, es hat nicht einmal ein Namensschild an seinen Mauern. Sie nennen es auch das Piratennest.

Nun weiß ich den Weg. Er führt in die Berge, die sich kahl und verbrannt hinter der Küste erheben. Der Weg ist steil, schmal, gewunden und steinig und wohl zwei Eselstunden lang. Aber ich habe mir einen alten, hochbeinigen Zweisitzer genommen, der sich mühsam hinaufdreschen lässt.

Seit jener Nacht vor etwa neunzig Jahren, in der die Berge bebten und sich der Berg, auf dessen Gipfel das Dorf liegt, am heftigsten schüttelte, ist das Dorf tot. Vor dieser Nacht soll es ein sehr lebendiges Dorf gewesen sein. Die Männer waren allesamt Piraten, sie fuhren zur See. Und wenn sie heimkehrten, dann feierte das Dorf, dass man es bis hinunter an die Küste hören konnte. So erzählen es die wenigen Leute, denen man ein paar Worte über das Dorf entlocken kann. Vielleicht war es auch so.

Nun ist der Weg zu Ende. Er mündet auf einen kleinen heißen, steinigen Platz vor dem Dorf, das auch heute noch einer Festung gleicht. Durch das schmale Tor in der gewaltigen Mauer mag gerade noch ein beladener Esel hindurchgehen, ein Karren nicht. Und hinter dem Tor gibt es keine Wege und Straßen, nur steile Gänge, die durch das Labyrinth der zerbrochenen Mauern führen.

Ich sehe und höre nichts von den Menschen, die hier noch leben – es sollen direkte Nachkommen der Seeräuber sein.

»Sie sehen anders aus als die Menschen an der Küste, und sie reden in einem unverständlichen Dialekt …«

»Sie leben von ihren Ziegen und Hühnern und von den Schätzen unter den Trümmern, nach denen sie unermüdlich graben. Die liegen neben den Gebeinen der Toten – so, wie sie damals mit ihnen verschüttet wurden …«

Es ist um die Mittagsstunde. Nur ein bunter Fetzen, der hier und da aus einem der Mauerlöcher hängt, kündet von der Existenz der Bewohner. Ich gehe durch die engen Gänge, als wäre ich allein auf dem Berg. Die Gänge sind dunkel, unregelmäßig verzweigt und unheimlich. Ich werde umkehren. Da gewahre ich am Ende des Ganges ein Pappschild, das an zwei Bindfäden von einem der steinernen Bögen herabbaumelt. In ziegelroter Farbe auf braune Pappe geschrieben drei Buchstaben: BAR. Etwa so, wie man eine Telefonnummer mit Lippenstift auf den Fetzen einer Zigarettenschachtel schreibt.

Ich gehe darauf zu. Der Gang ist zu Ende, er mündet auf eine winzige Lichtung im Wald der Mauern. Sie wird durch einen Platz aus Steinplatten gebildet, der von dürrem Zeug umrankt und spärlich überdacht wird. Das Sonnenlicht fällt in grellen, unregelmäßigen Fetzen auf ausgetretene Steinplatten.

Um einen groben Tisch gruppieren sich fünf Stühle, von denen jeder nach Stil und Art aus einer anderen Himmelsrichtung stammen mag.

Auf einem davon, die Beine weit gespreizt, mit dem Gesicht zur Sonne, mehr liegend als sitzend, schläft ein Mensch. Er ist groß und kräftig, hat helles Haar, eine braune Haut und ein kühnes Gesicht. Bekleidet ist er mit einer gelben uniform-ähnlichen Hose und einem verwaschenen, ehemals roten Hemd.

Er ist nicht das einzige Lebewesen, das ich plötzlich vor mir sehe. Denn am Rand des Platzes, der nicht viel größer als ein geräumiges

Zimmer ist, steht ein zottiger Esel. Sein schwerer Kopf ist bis auf die Steine herabgesunken, wo die Nüstern den braunen Sand berühren, der in einer dünnen Schicht den Platz überzieht.

Ich trete leise näher, aber meine Sandalen machen ein knarrendes Geräusch. Ohne die Augen zu öffnen, wünscht mir der Mann in einem halben Dutzend Sprachen einen guten Tag.

Ich wähle mir einen der Stühle, den ich für den stabilsten halte, setze mich ihm gegenüber. Ich habe seinen Gruß in meiner Sprache erwidert.

Er verändert seine Haltung nicht, lässt die Lider geschlossen und das Gesicht dem Himmel zugekehrt.

»Sie sind ein Fremder«, sagt er nach ein paar Atemzügen, »ich hörte einen Wagen kommen. Es ist einer mit ausgeschlagenen Lagern. Ja, in diesem Land kann man die heimischen Automodelle an ihren Geräuschen erkennen. Wie lange noch? Es werden immer mehr. Ich hörte das Knirschen Ihrer leichten Schuhe im Sand, der auf den Steinen der Gänge liegt. Es war der zögernde Schritt eines Fremden. Ich vernahm Ihr lautloses Erstaunen über das Schild mit den drei Buchstaben, und ich erwartete Sie. Nun sind Sie da, es kommt selten vor, dass ein Fremder bis hierher geht. Der Mut verlässt sie schon in der ersten dunklen Gasse …«

Nun schiebt er den Weinkrug, der vor ihm steht, in meine Richtung, ohne die Augen zu öffnen. Der Krug ist aus Ton und sehr alt, schon beim Brennen wurde er so schief, wie er heute noch steht.

»Holen Sie sich einen Becher aus dem Haus. Gleich links hinter dem Loch, das eine Tür sein soll, hängt ein Bord an der Wand. Aber stolpern Sie nicht über den Wirt, der liegt am Boden und schläft!«

Ich hole mir einen Becher und werfe im Dunkeln einen anderen herunter. Der Wirt schnarcht, aber er erwacht nicht, als ich ihn mit dem Fuß berühre. Es riecht nach beißendem, kalten Rauch und nach ranzigem Öl. Ich wische den Becher mit dem Finger aus, während ich zum Tisch zurückgehe, setze mich auf meinen Stuhl und gieße roten Wein in den Becher.

Der Becher ist verbeult und aus Zinn, das einmal ziseliert war. Als ich den Krug zurückstelle, bemerke ich, dass mich der Mann das erste Mal angesehen hat. Seine Augen sind grün und von vielen kleinen Falten umgeben. Aber der Mann ist nicht alt. »Ich bin Domenico«, sagt er und schließt die Augen wieder. Ich sage ihm

auch meinen Namen und füge hinzu, dass ich heraufkam, um zu sehen, ob man das Dorf filmen kann.

Da lächelt er. »Sie können es nicht. Die Gassen sind zu eng, es gibt keine Brennweite, die mit ihnen fertig wird. Und sie sind dunkel. So viel Strom können Sie gar nicht den Berg heraufschaffen, weil der Wagen mit dem Aggregat in eine Schlucht stürzt. Und wenn Sie wirklich eine Möglichkeit gefunden haben, um zu filmen, dann fällt ein großer Stein auf Ihre Kamera und ein anderer auf den Scheinwerfer. Und das ist dann kein Zufall …«

Ich trinke einen Schluck Wein. Er ist recht sauer und schmeckt nach Zinn.

»Geben Sie's auf, das Dorf ist nicht fotogen«, fährt der Mann fort. »Sein Zauber gleicht einem Fahrschein für eine Bahnfahrt, er ist nicht übertragbar! Dies hier ist ein schönes, altes Räubernest. Ich liebe es, weil niemand heraufkommt – und weil bestimmt niemand bleibt …«

Er lächelt, während seine geschlossenen Augen durch das dürre Blätterdach in den blauen Himmel blicken. Ich höre den Esel atmen und die Sandkörner vor seinen Nüstern sich raschelnd bewegen.

Ich habe Durst, aber ich greife nicht zum Becher, um diesen Augenblick nicht zu verscheuchen. Ein Moskito summt nahe an meinem Ohr, tanzt auf und nieder und summt lauter und leiser, näher und ferner.

Die Zeit steht still. Ich bin ein Stück dieser Szenerie und sonst nichts. Es ist ganz unwichtig wer ich bin, woher ich komme und wohin ich gehen werde. Ich rieche den heißen Sommertag, ich schmecke ihn, ich höre ihn, obwohl er fast lautlos ist.

Dieses Dorf ragt in den Himmel. Es hat keine Nachbarn, es ist von den Winden umgeben, die heute mit ihm schlafen. Ich lausche und atme nur und fühle …

Vor hundert Jahren kann es hier oben nicht anders gewesen sein. Der Tisch und die Stühle, der Krug und der Becher sind geblieben. Die Mauern sind geblieben, wenn sie auch geborsten sind. Und der Esel, der vor hundert Jahren hier am Rande des Platzes stand, er wird nicht anders ausgesehen, nicht anders geschlafen und geatmet haben wie dieser.

So ist das eine Weile, auch Domenico schweigt. Aus dem dunklen Raum, in dem der Wirt schläft, weht der beißende Geruch des erkalteten Holzfeuers über den Platz. Und auch der saure Wein riecht aus Krug und Becher nach Holz, Pech und Zinn. Kein Vogel singt, nur der Moskito summt an meinem Ohr. Da hebt der Mann die Hand, sein Körper strafft sich, ohne dass er seine Lage verändert.

»Sie kommt!« sagt er leise. »Es ist ein Mädchen, das barfuß geht, ein Stück Natur. Schauen Sie sich das an …« Er lauscht, aber ich höre noch immer nichts.

»Aber sagen Sie nichts, grüßen Sie nicht. Sie könnte erschrecken und sich nicht getrauen, an Ihnen vorüberzugehen. Wie ein Reh, das über die Lichtung huscht …«

Er dreht den Kopf ein wenig und öffnet die Augen. Ich folge seinem Blick und sehe das Mädchen, das barfuß und unhörbar um die Ecke kommt, aus dem Gang, an dessen Ende das Pappschild baumelt.

Sie ist goldbraun, schwarzhaarig, und das zerschlissene, ausgelaugte, farblose und viel zu kurze Kleid verbirgt nicht viel. Die großen Augen sehen uns nicht an, wie träumend schreitet sie an uns vorüber auf den Esel zu. Sie bindet ihn los, dabei liegt ihre braune, junge Hand in dem grauen, zottigen Fell des Tieres. Der Esel hebt den Kopf und schüttelt sich den Schlaf aus dem Fell. Er scharrt mit den kleinen Hufen, dann dreht er sich in die Richtung, in die er gehen soll – sie führt auf uns zu, an uns vorüber in den dunklen Gang.

Das Mädchen schwingt sich auf seinen Rücken, der ein sattelartiges Gestell aus geschnitztem Holz trägt. Es zieht ein Bein an und lässt das andere an der Seite des Esels herunterbaumeln, sodass der nackte Fuß fast den Boden berührt.

Sie sitzt auf dem Esel so, wie die Mädchen unten an der Küste auf dem Sozius der Vespa, der Guzzi, der Garelli sitzen. Aber der Esel heißt nicht Piaggio. Sie wird ihn Burro rufen. Alle Esel heißen hier Burro, auch der, auf dem die Lollo sitzt.

Man sieht die Beine des Mädchens bis obenhin, aber ich sehe die Augen, deren Blick für eine Sekunde auf Domenico ruht – oder über ihn hinweggeht. Ich weiß nicht, wie.

Der Esel trippelt mit steifen Gelenken an uns vorüber. Es ist, als ob er wankt. An der Ecke des Ganges strauchelt er, fängt seine kleinen Hufe wieder und trippelt nun, für uns unsichtbar, den dunklen Gang hinunter.

Bald höre ich ihn nicht mehr. Aber ich schweige, denn Domenico lauscht noch. Ich habe das Gefühl, dass er den Esel noch hört, und dass er das Mädchen noch sieht, obwohl es schon irgendwo in die Wirrnis des Berges hineingeritten sein muss.

Ich höre jetzt den Wirt schnarchen und ein Huhn von einer Mauer flattern.

»Des Nachts kann man hier im Freien schlafen«, sagt Domenico plötzlich ohne Übergang. »Da, wo man müde wird, legt man sich nieder. Man blickt so lange in die Sterne, bis man einschläft.«

Ich lausche seiner Stimme. Er spricht meine Sprache sehr gut, aber mit einem merkwürdigen Akzent. Er formt Sätze wie ein Dichter, aber er sieht aus wie ein Vagabund.

»Wer sind Sie?« frage ich ihn unvermittelt, und ich erschrecke darüber, wie hastig diese Worte aus mir herauskommen. Er lächelt wieder.

»Ich bin Domenico ...« sagt er. Dann greift er zum Becher und trinkt. Das ist alles. Er sitzt auf dem Platz im Dorf der toten Seelen, als wäre er da zu Hause. Aber er ist sicher ein Fremder, wie ich.

Da rumort es hinter dem schwarzen Mauerloch. Der Wirt hat seinen Mittagsschlaf beendet. Geräuschvoll erhebt er sich und tritt blinzelnd in das grelle Licht des Platzes. Er ruft Domenico etwas zu. Der Zauber ist zerstört.

Auf einmal sind Geräusche da. Ziegen meckern, Töpfe werden gegeneinander geschlagen, und die Hühner des Dorfes quarren und gurren und flattern laut von den Mauern.

Der Wirt spricht mit Domenico in einer rauhalsigen Sprache, die ich nicht als die Sprache des Landes erkenne, aber Domenico antwortet ihm ebenso ... Ich weiß, dass der Wirt ihn nach mir ausfragt. Ich weiß, dass er auf mich zukommen wird, dass es bald darum geht, ob er mir ein Huhn schlachten, einen Krug Wein bringen, Brot und Käse bereiten darf. Und vor dem, was kommt, habe ich plötzlich eine heftige Abneigung.

Auf dem schmalen Platz vor dem Dorf einen Wagen zu wenden, ist ein gefährliches Stück Arbeit. Der Ballila steht da, als wäre er hier geboren, und als wolle er nie wieder weg. Zwischen den gezackten Felsen, neben der einsamen Pinie, auf dem grauen, steinigen Staub. Unten an der Küste fremdelt er unter all den Touristen-Autos. Neben einen VW sieht er aus wie eine Chianti-Flasche neben einem Semmelknödel. Ich liebe ihn.

Der Platz ist steinig. An der einen Seite tut sich jäh der Abgrund auf, und die mürben Bremsen des alten Wagens gehorchen zögernd.

Es ist heiß außerhalb der Mauern. Graubrauner Staub wirbelt unter den Rädern auf und vermischt sich mit dem Schweiß auf meinem Gesicht und meinen Armen.

Endlich steht der Wagen mit dem dampfenden Kühler in der Richtung zur Küste. Ich lasse ihn im ersten Gang hinunterrollen und bin den ganzen Weg allein, auch den Esel mit dem Mädchen sehe ich nicht.

Ich habe Zeit, wenn ich auch den Wirt und Domenico mit der Lüge verließ, keine zu haben. Dabei hat dies alles, das Hinauffahren, das Verweilen im Dorf und das Hinunterfahren, nur eine und eine halbe Stunde gedauert. Die Hotels an der Küste tragen bunte Neonbuchstaben, bunt wie die knappen Badeanzüge der Mädchen am Strand. Neunzig Minuten war ich weg. Heute weiß ich, dass es die ganze Reise war ...

Fritz B. Buschs bevorzugtes Reiseziel: Im Oldtimer durch die italienische Provinz.

Der kritische Rückblick auf das Jahr 2002

Die Hemmschwelle ist weg!

Nachdem sie Jahr für Jahr tiefer gesunken war, ist sie nun ganz verschwunden. Man frage nicht, wieso und wohin. Sie versank ganz einfach im Wohlstandsmorast. Zwangsläufig.

Der Zeitpunkt war günstig. Keiner vermisst sie wirklich. War sie doch ein Stolperstein, hinderlich wie die Zehn Gebote, das Bürgerliche Gesetzbuch und die Radarfalle. Es macht keinen Sinn, nach ihr zu suchen, schon gar nicht im Wahljahr. Man war gefasst auf den Spruch »Ich führe Euch herrlichen Zeiten entgegen!« (Kaiser Wilhelm) und vermisste die Feststellung: »Die Kacke ist am Dampfen!« (Winston Churchill, frei übersetzt).

Aber, man muss nicht wahlkämpfen. Der Alltag lehrt es. »Grüß Gott, tritt ein, bring Glück herein!« Das war gestern. Da brachte man auch noch ein paar Blümchen mit.

Die neue Moral geht so: »Tritt die Tür ein, Mann, und hol dir, was du brauchst!« Die Werber formulieren es zwar gefälliger, aber sie meinen es nicht anders. Schick den Trottel mit 100 Euro an die Börse, und lass ihn mit 98 Cent rauskommen. Der Rest gehört dir. So wurde aus manchem Spot Spott. Und ein Spruch zum Sonntag fällt dabei auch noch an: Liebe deinen Nächsten, denn nur ihn kannst du abzocken.

Der Rat wird befolgt. So intensiv, dass die Zwölfzylinder auf Jahre hinaus ausverkauft sind. Es darf sogar Volkswagen dranstehen.

Das hört man und vergisst es wieder, weil draußen fast pausenlos das Martinshorn blökt und aus dem Radio die Staumeldungen sprudeln, dass kaum noch Zeit bleibt für ein bisschen Musik von damals. All you need is love. Heute ersetzt durch fun. Aber um fun zu haben, bedarf es weit höherer Fonstärken.

Es scheint eine geheime Formel zu geben, die der Normalverbraucher nur unterschwellig begreift. Etwa: »80 Kilometer Stau-Durchschnitt mal sechs Meter Wagenlänge ergibt die empfehlenswerte Mindest-PS-Zahl 480.« Bei vier Meter Wagenlänge sind es immer noch gut 300. So die Käufer-Erwartung nach Wegfall der Hemmschwelle und nach Meinung der Marketingstrategen und Modellplaner. Es ist der Moses-Effekt, die Teilung eines Hindernisses durch außergewöhnliche Kräfte. Dass er im Stau nicht wirkt, muss sich erst noch herumsprechen.

Hinzu kommt das Messner-Syndrom. Es kennzeichnet eine wachsende Käuferschicht, die offenbar die Bezwingung des Watzmann plant – ohne auszusteigen. Es gilt also, aberwitzige Kräfte an jedes vorhandene Rad zu werfen, und zwar permanent, weil man ja nie weiß, ob einem das Navigationsgerät die Ebene vielleicht nur vorgaukelt.

Der weltweite Wetter-Wahnsinn schürt solche Bedenken. Deshalb sollte auch der Noah-Effekt berücksichtigt werden, die Arche der Zukunft muss schwimmfähig sein. Daran wird zweifellos schon gearbeitet. Die Volumenmodelle bringen ohnehin nichts mehr. Deren Käuferschicht wandelt derzeit zu Fuß am Abgrund entlang.

Zum weitsichtigsten Autoboss des Jahres ernenne ich Wolfgang Reitzle, weil er sich entschloss, bei Linde Gabelstapler zu bauen. Nur im Hub liegt Freiheit, denn über uns ist Platz im Überfluss. Weiß doch jeder, der sich für eine Hand voll Euro in die Lüfte erhebt, um in London oder Rom ein Käffchen zu trinken oder in mediterranen Kneipen zu randalieren. Bis sich die Airlines auf ein erträgliches Maß ausgerottet haben, sollte er die Chance nützen. Zumal diese Angebote auch von denen freundlichst gebilligt werden, die unser heimisches Auspuffrohr vom Durchmesser eines Gartenschlauchs für die Wurzel allen Übels halten und mit wachsendem Ingrimm bestrafen, um die Welt unterhalb der Flughöhe zu retten.

Dass nichts ungesünder ist als die Medikamente, die wir einwerfen, um gesund zu bleiben, bewies erneut die Forschung. Demnach wird die Wirkung so mancher Pille, sofern sie überhaupt eine hat, von ihren Nebenwirkungen übertroffen. Ich habe meine Schlaftablette daraufhin abgesetzt und schiebe mir eine Formel 1-Kassette rein. Irgendein Rennen des Jahres 2002 reicht vollkommen, um nach wenigen Runden rezeptfrei in Tiefschlaf zu versinken.

Wach wird man dann von selber beim Anblick neuester Styling-Studien. Das Automobil wird zur Pralinenschachtel degradiert. Nicht selten zu einer, auf die schon mal jemand draufgetreten ist. Zerknittert, meine ich, wie das Heck des Mégane. Die gedachte Linie ist urplötzlich im Eimer.

Zeitgeist. Man darf die Leute nicht langweilen, man muss sie schockieren. Man schaue sich nur Lagerfeld an. Ich meine nicht seine Mode.

Ein guter Gag ist heute Gold wert. Ich habe mich dazu durchgerungen, diese Art von Humor zu tolerieren, der ja doch über das Niveau der geworfenen Sahnetorte hinausragt. Er beweist, dass in dieser oder jener Firma noch Leben steckt. Aber – müssen es denn immer die Franzosen sein? Weshalb hat Frau Strunz wohl Wolfsburg verlassen …

Es liegt aber auch an uns, den Kritikern, und natürlich an den Käufern. Hauptsache, man entdeckt irgendwo die »sportliche Anmutung« (ein Unwort des Jahres). Auch bedauern Tester neuerdings gern, dass »jenseits von 200 km/h nicht mehr viel kommt«. Ich vergebe ihnen. Würden sie es so nicht sagen, müssten sie es im darauf folgenden Heft den Leserbriefen entnehmen und sich der Inkompetenz zeihen lassen. Dass Fahrfreude auch unterhalb dieser Superzahl aufkommen kann, wissen wohl nur noch die Besitzer von Oldtimern.

Nicht nur Piëch, Wiedeking und Reitzle schrieben Bücher, auch Dieter Bohlen. Und der stürmte als einziger die Charts, weil er längst wusste, dass die Hemmschwelle verschwunden ist, zumal er an ihrer Entfernung maßgeblich beteiligt war.

Den vorgenannten Auto-Bossen sind wahrscheinlich eine Menge missratener Automobile begegnet, nicht aber gehäuft ebensolche Weiber. Worüber denn lesewirksam schreiben? Hätten sie mehr Flops produziert, würde es der Auflage sicher gut getan haben.

Ein Autoren-Team aus Turin könnte mit dem Titel »Wie wir Fiat ruinierten« einen Bestseller landen. Die Handlung habe ich seit Jahren tränenden Auges verfolgt. Ich bin ein Fiat-Fan. Man kann es in meinem Museum nachprüfen. Aber es sind halt Sachen von gestern.

Heute weiß ein Käufer ohnehin nicht so recht, was in einem Auto wirklich drin ist, an dem ein bestimmter Name steht. Wir kaufen Marken, Logos, Labels, Legenden und Lügen, vom Turnschuh bis zum Auto. Denn wir sind erfolgreicher manipuliert worden als der Elefant, der im Zirkus Handstand macht.

Nichts Erfreuliches? Aber ja. Ich freue mich, dass es wieder einen Maybach gibt. Dafür gibt es aber außer der Tatsache, dass ich ein unheilbarer Nostalgie-Trottel bin, keine weiteren Gründe.

Genau so würde ich es begrüßen, wenn Opel wieder einen Laubfrosch bauen würde. Jenen Kleinen, der Mitte der Zwanziger als Erster von einem deutschen Fließband hüpfte. Jubiläumsmodell: klein, grün, billig, lustig, mit Glupsch-Augen. Humor wird honoriert, siehe Mini und Citroën C3. Er geht zu weit, wenn das Retro-Cabrio mit offenem Dach wie eine Klo-Schüssel aussieht. So weit hätte man nicht gehen müssen. Die Limousine reichte doch.

Auch bei den Rückruf-Aktionen des Jahres war der Verlust der Hemmschwelle sichtbar. Die Zahlen erreichten Rekordhöhen. Nur die Zahl der Arbeitslosen, die keine Firma wieder zurückruft, lag leicht darüber. Und während der TÜV-Prüfer unser Auto mit dem Hämmerchen nach Rostlöchern abklopfte, sank eine schwimmende Rostlaube und löste eine Öl-Katastrophe aus, gegen die der Ausbruch des Ätna zum Provinzspektakel schmolz.

Wir werden den Globus schon kaputtkriegen. Es sei denn, es haut uns rechtzeitig irgendwer oder irgendwas so heftig auf die Finger, dass wir uns wieder auf den Teppich setzen und mit der Holzeisenbahn spielen. So brav waren wir schon mal. Ich entsinne mich, es ist 50 Jahre her. Es gab noch die Hemmschwelle. Und wir waren verdammt glücklich.

Dann brach der Wohlstand aus, und nun jammern wir, wenn jenseits von 200 nicht mehr allzu viel kommt. Was soll man dazu sagen? Vielleicht einen Rat geben: Schau mal in den Spiegel, Kleiner.

Een Jedicht iebers Lehm'n

*Dieses selbst verfasste Gedicht trug Fritz B. Busch zu seinem
80. Geburtstag am 2. Mai 2002 im Kreise seiner zum Empfang
erschienenen Kollegen vor.*

Ick wurde jebohrn
da war ick noch kleen, is lange her.
So acht mal zehn Jahre
ha ick nu uffm Buckel
seit meim ersten Nuckel.
Ick selber kann mir nicht mehr entsinn'.
Det kann wohl keener,
wa, Kleener?

Nu denk ick so jrade
eijentlich schade
um meine Jahre ohne Zähne un Haare,
det man die so vergisst,
un später jar nich vermisst,
denn für die Kleensten,
is det Lehm'n doch am scheensten.
Vor dem Anfang von allet
wat et einem dann so bescheert,
un wo dir öfter mal schwant:
Wärste damals lieber gleich umjekehrt.
Ick habs ja geahnt.

Im Kriech hamse dir fast umjebrungen,
aber ooch spätre Versuche
sin danebenjelungen.
Da machste wat mit.
Mal steichelnse dir, mal kriegste 'n Tritt.

Willste oben bleiben, haste kaum
noch Zeit, sie dir zu vertreiben.
Nur älter wirste von selber
janz ohne Miehe mit jede Sekunde.

Kaum biste wo durch
kommt die nächste Runde,
un wenn de gloobst nu is Ruhe,
denn rast die Zeit:
Die hält niemals die Klappe,
du sachst nischt, un die schreit.

So wirste jeschubst un jestoßen,
musst ruff uff de Leiter,
un Sprosse um Sprosse
hampelste weiter.

Machste Karriere
Is det ooch nich zum Lachen,
weil dann musste uff dem Level
weitermachen.
Wieder runter darfste nich,
sonst biste 'n Versager –
un det jehört sich nich.

Zwar haste dann Ruhe,
aber nich vor dir selber,
weil zum Ausruhn
hamse dir nicht erzogen,
die Pädagogen.

Manchmal machen se dir
Ooch een Schlitz in Bauch.
Een unten, een mehr oben,
un an de Seite auch.
Hamse dir dermaßen operiert,
biste sowat wie teilrestauriert.

Det Erjebnis aber, det stimmt
dir doch heiter:
Ooch mit de Hälfte Innereien
lebste fröhlich weiter.

Also machste wat draus,
un et macht ja ooch Spaß,
wenn det Schicksal dir mal
aus de Hände fraß.

So haste deim Leben ab und zu
selber een neuen Schubs jegeben.
Weil von nischt ooch nischt kommt.
Un et is dir jeglückt
trotz der hohen Jewalten
et een bisken mitzujestalten.
Also denkste mit Recht:
Als Janzet jesehn
war et jar nich so schlecht.

Letzte Strophe, ein Blick voraus:

Na, un denn bin ick dot
Un allet zu Ende.
Ick lieje so da
Mit jefaltete Hände,
un die da so rumsteh'n
die denken janz richtig:
Da is nischt mehr zu machen,
det is offensichtlich.

Ick vamute schon heute
Wat ick dann denke
Kurz, eh ick ooch meinen Jeist
Noch vaschränke.
Der letzte Jedanke,
naturgemäß flüchtig:
ick denk an mein Leben
det jut war un tüchtig,
een jerne jelebtet
– et fehlt mir nu richtig.

Ausstellungs-Verzeichnis

Von Alfa Spider
bis Zacharias Cadillac

Erwartet den Besucher, wie im nachfolgenden Ausstellungs-Verzeichnis aufgeführt, eine Fülle unterschiedlichster Motorfahrzeuge
mit zwei, drei oder vier Rädern.

Fritz B. Busch legte besonderen Wert darauf, solche Fahrzeuge zu sammeln, mit denen sich der Besucher bestmöglich identifizieren kann. Gemeint sind Fahrzeuge, die im Leben eines jeden Menschen eine Rolle gespielt haben oder die mit einer besonderen Erinnerung verbunden sind – so wie die Melodien, die beim Schlendern durch die vier Museumsetagen erklingen. So wird der Besuch zum Bummel auf der Straße der Erinnerungen.

Für den echten Oldtimer-Fan ein Blick ins Paradies.

Bestand Fahrzeuge Museum 1	Baujahr
Adler Typ 10 »Autobahn-Adler«	1938
AGA Sport	1921
Alfa Romeo Giulietta Spider	1962
Alfa Romeo Giulietta Sprint	1962
Benz 8/20 Sport – Phaeton	1918
BMW 501 A	1954
BMW 503 Coupé	1958
BMW 600	1958
BMW LS 700	1962
Borgward Goliath 1100	1957
Borgward Isabella	1955
Borgward Isabella Coupé	1958
Cadillac von Hans Albers	1951
Cadillac von Helmut Zacharias	1988
Chevrolet Corvette	1961
Citroen 11 CV Limousine	1953
Citroen A	1919
Citroen A (unrestauriert)	1919
Citroen B 12	1926
Citroen Charleston 2 CV 6 Club	1982
Citroen Sahara	1963
D.O.W. Krankenfahrstuhl	1969
Dieselstar Rekordwagen	1975
DKW AU 1000 Sport Coupé	1960
DKW F 12 Cabrio	1964
DKW F 89 Meisterklasse	1951
DKW Monza	1957
Elektro Stadtwagen	1972
Fahrgestell Opel 1, 2 l	30er Jahre
Fendt Lastenroller	1953
Fiat 501 S	1923
Fiat 850 Coupé	1965
Fiat Balilla Spider	1934
Fiat Neckar Spezial	1962

Ford A	1929
Ford A Roadster	1929
Ford Taunus »Buckel« Limousine	1950
Framo LTH 200	1933
Goggomobil TS 250 Coupé	1964
Goliath GD 750	1951
Goliath Lieferwagen	1933
Goliath Pionier	1932
Hanomag 3/16	1929
Horch Auto Union Typ 853	1937
Hudson Super Six	1947
Jaguar E Serie 1	1962
Jaguar XK 150 Coupé	1959
Lancia Appia Serie 2	1958
Lancia Lambda Tourer	1927
Lloyd 300	1952
Maico 500	1957
Mercedes 170 Da OTP	1951
Mercedes 170 Va	1951
Mercedes 180	1957
Mercedes Benz 260 D	1936
Mercedes Benz Replika	Repl. 1929
Mercedes Benz Stuttgart	1929
Meyra 48	1949
Meyra 75 Roadster	1958
MG A	1959
MG Midget MK 1	1962
NSU Sport Prinz	1967
NSU Wankel Spider	1964–67
Ope 4/20 Tourer	1929
Opel P 4	1936
Peugeot 172 S Cabrio	1927
Peugeot 202 Convertible Coupé	1938
Peugeot Cabriolet	1954
Porsche 906 Langheck	1966
Porsche 912 Coupé	1967
Porsche Formel 2	1959

Renault 4 CV	1958
Renault Celta Quatre	1934
Renault Monasix	1927
Renault NN	1927
Rickscha	
Steinwinter Junior	1981
Steyr »Baby«	1940
Steyr 200 Cabriolet	1939
Tempo Hanseat	1955
Trabant 601	1974
Triro Lastenroller	1951
Versehrtenfahrzeug DUO 4/1	1989
Victoria Spatz 4 Sport Roadster	1956
VW Formel 5	
VW Golf (Pirelli)	
Weltrekord Diesel	1975

Bestand Fahrzeuge Museum 2	Baujahr
BSA Dreirad	1932
BMW Dixi 3/15	1930
BMW Gespann »ADAC«	
BMW Ihle Sport	1930
BMW Isetta	1959
BMW R 25 Gespann	1960
Caravan Dethleffs Camper	1958
Caravan Sportberger L 3	1958
Chevrolet K Tourer	1926
Citroen 2 CV 6	
Citroen 5 CV	1923
DKW RT 125	1937
DKW E 300 solo	1928
DKW F 5 K	1936
Fiat 500 c	1953
Fiat 500 Topolino	1938

Fiat 600 D	1964
Fiat Nuova 500	1968
Ford Modell T	1926
Ford Taunus 17 M	1960
Goggo Roller 200	1952
Goggomobil 250	1956
Hanomag 2/10 »Kommissbrot«	1927
Harley Davidson	
Horex 350	1936
Kleinschnittger F 125	1953
Lloyd Alexander	1959
Messerschmitt KR 200	1962
Motorrad Standard 200	1938
NSU Prinz 3	1958
NSU Prinz 4 L	1971
NSU Quickly	1954
NSU Roller Prima	1959
Opel Olympia	1951
Opel Olympia Rekord	1955
Piccolo Voiturette	1907
Trabant mit Dachzelt	1965
Vespa 150	1955
VW Käfer	1950
Wohnwagen »Dübener Ei«	1987
Zündapp DB 200	1938
Zündapp Janus	1957
Zündapp Roller Bella	

Traktoren Museum 1	Baujahr
Allgaier mit Kaelble Dieselmotor	1949
Deutz Dieselschlepper	1927
Fordson	1925
Hanomag RL 20	1938
Hanomag WD R 28 A	1925
HELA (H. Lanz)	1937

Kramer Alleschaffer	1938
Kramer Motormäher	1929
Lanz Bulldog	1938
Lanz Bulldog Mannheim	1938
MIAG LD 20	1939
Porsche Junior	1958
Ursus Bambi Allrad	1955
WAHL	1939

Zweiräder Museum 1	Baujahr
Adler Junior Roller	
Adler M 150	1954
Adler Zweizylinder	
BMW R 3	
BMW R 75/7	
DKW E 250	1926
DKW Hobby Roller	1955
DKW Hummel	1958
DKW KM 200	1935
DKW KS 200	1937
DKW RT 175 VS	1957
Express	1950
FN M 70	1930
Go Kart – Rennkart	1970
Göricke	
Heinkel Tourist 175 Gespann	1954
Hercules 200 K	1952
Horex Regina	1952
IWL SR 59 Berlin mit Anhänger	1961
Kreidler Florett	
Lambretta Prima	1950–64
Lohmann Fahrrad mit Hilfsmotor	1950
Miele R 31	1952
Moto Guzzi 500 GTV	1944

Moto Guzzi Alce	1938
Moto Guzzi Astore Gespann	1950
Moto Guzzi Cardollino	1956
Moto Guzzi Dingo	1964
Moto Guzzi Moped	
Moto Guzzi Polizia	1969
Motobecane	1923
MZ 250 solo	
MZ ETS 250	1973
MZ ETZ 250 Gespann	1985
NSU 251 OSL	1950
NSU Fox	1952
NSU Pony	
NSU Pony 100	1937–40
NSU Quick	1939
NSU Quickly	1953–63
Original Rickshaw	
Puch Oesterreich 175 SV	1957
Puch VS 50 DS	1954
Rabeneick Cyclemaster	
Rabeneick SM 125	1950
Roller Pitty	1956
Schüttoff DKW	1929
Simson S 51 B1-3	1982
Sparmobil – Rekordfahrzeug	1979
Steib Seitenwagen S 500	1953
Triumph BDG 250	1952
Urania	1939
UT 1547	1948
Velosolex	1968
Victoria KR 6	1934
Victoria Sachs 1939	1939
Victoria Vicky 166	
Wetterdiek Fahrrad	
Zündapp 175 S	1956
Zündapp Combinette	1957
Zündapp DB 201 (2 Stück)	1951

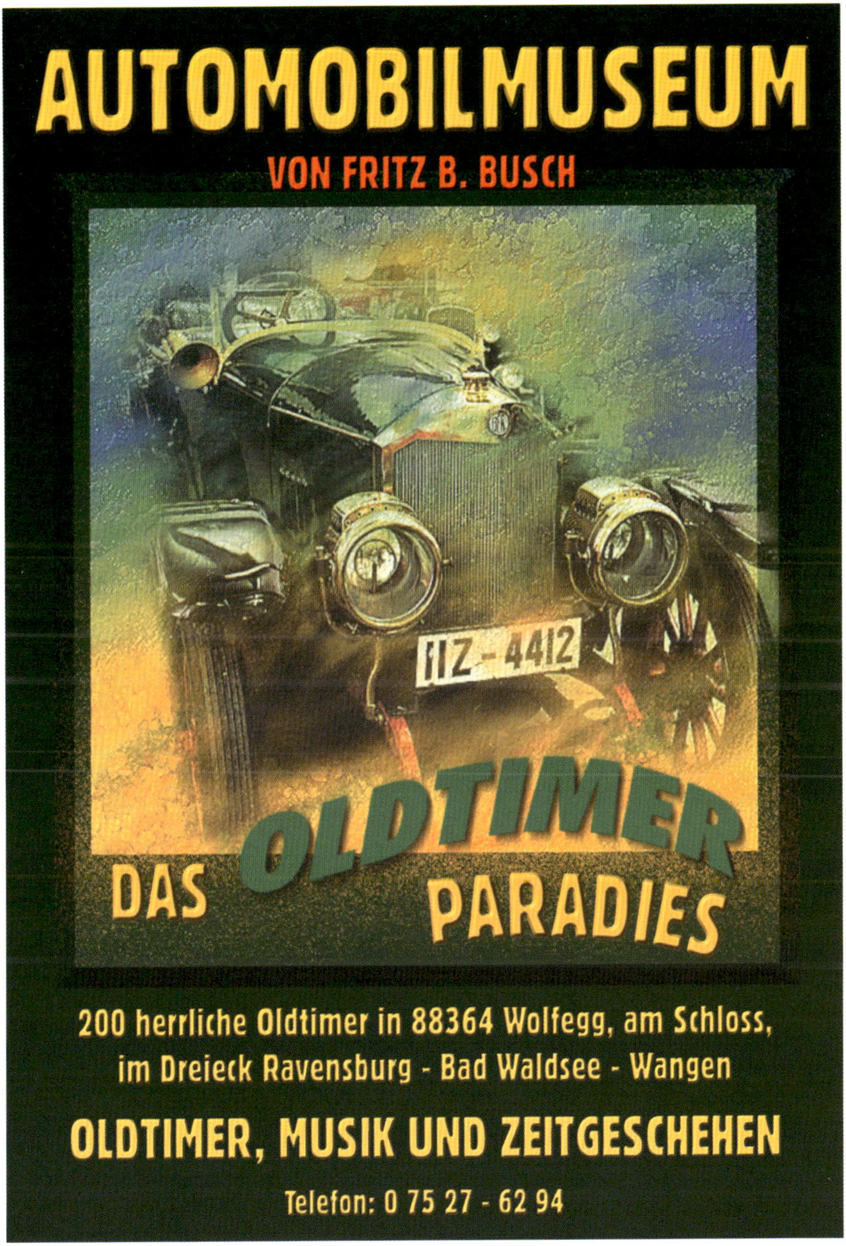
AUTOMOBILMUSEUM
VON FRITZ B. BUSCH
DAS OLDTIMER PARADIES
200 herrliche Oldtimer in 88364 Wolfegg, am Schloss,
im Dreieck Ravensburg - Bad Waldsee - Wangen
OLDTIMER, MUSIK UND ZEITGESCHEHEN
Telefon: 0 75 27 - 62 94

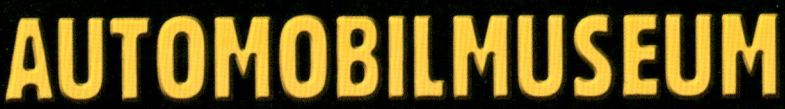

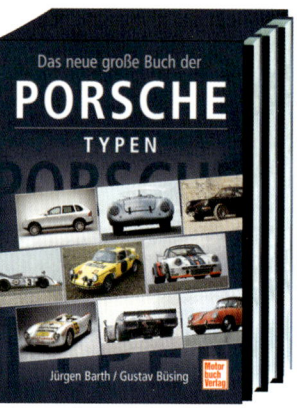

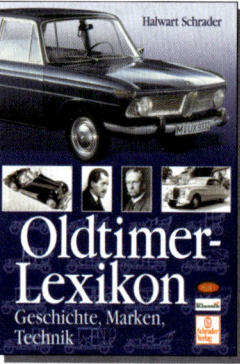